广州白云国际会议中心国际会堂及配套工程系列丛书

花盛云祥

广州白云国际会议中心

国际会堂及配套工程艺术品

越秀集团　编著

中国建筑工业出版社

前言

广州白云国际会议中心国际会堂艺术品的策划创意和艺术创作，为中国美术传统中的“殿堂画”向现代形态转化探索了新方式，形成了新成果。一是艺术创作的主题紧扣时代发展。艺术家着力表达广东深厚的人文历史、丰富的自然生态和浓郁的岭南风情，作品充满蓬勃的生机，蕴含着丰沛的文化内涵，彰显出鲜明的时代精神。二是艺术品与整体环境有机融合。根据不同的空间与功能，科学规划作品的题材、型态与材质，每幅量身定制，使艺术品与建筑形成有机整体，与空间环境形成相得益彰的和谐关系，令人移步换景，目不暇接，远望可得其势，近赏可得其意。三是艺术面貌体现了新时代中国美术的创新追求。在创作组织上认真遴选和邀约艺术名家专题创作，涵盖多种形式风格。作品尺幅巨大，制作精良，堪称当代丹青巨制，在国际会堂宽敞的空间里，展示出新时代广东发展的恢宏气象。作品既在整体上彰显了现代视觉语言的创意创新，又展现出每位艺术家的个性风格。全部艺术品在国际会堂中贯穿成一个引人入胜的艺术画廊，给人提供了美的巡礼。

范迪安

范迪安

中国美术家协会主席

白云国际会议中心国际会堂是新时期广州增强国际交往中心城市功能的重要载体，为更好地体现粤港澳大湾区的时代精神与内涵，提升国际会堂的空间美感与文化氛围，越秀集团在2021年开始着手艺术品专项的准备工作，通过调动国内、省内优质艺术家资源，组建高水平艺术品专家顾问团队，进行多轮、多批次的艺术品专题方案专家评审会，最终确定了陈列于国际会堂的21组艺术作品。

21组艺术作品集结当代中国南北美术大家主创，均为50~150m^2巨大尺幅创作，作品气势宏大，以国画、油画、刺绣、木雕等形式，山水、花鸟等题材，用写实、意象、抽象等手法，探索展现岭南历史之美、山水之美、文化之美，打造彰显岭南风韵、时代气象、中国精神的大作力作，展现新时代的精神气息，与建筑大气恢宏的构架相得益彰并点睛，与场馆环境十分契合，很好地表现了城市、自然、生命、历史、人生理想等具有东方特色的主题，传达了中国文化的内在精神，演绎了绿水青山的社会主义核心价值观，以实际行动贯彻落实广东省委关于创作新时代大画的文化强省指示精神。

艺术家从接到邀请到创作完成，历时两年余，从构思酝酿、小稿修改到大稿绘制，越秀集团克服重重困难，组织专家学者与各相关单位多次观摩、指导，协助艺术家（集体）完成并实现了个人作品尺幅之最。挂装、装裱工作认真细致，克服了大型画幅装裱与恒温恒湿等困难，呈现越秀集团对艺术品、对艺术的尊重与爱护，21组艺术作品呈现出高质量的艺术效果。

广州拥有得天独厚的会展业发展优势。近年来，广州为打造“国际会展之都”，围绕会展企业落户、办展、提质增效等方面，构建了多层次、全方位扶持的政策体系，取得了显著成果。相信伴随着广州白云国际会议中心国际会堂及相关配套工程相继完成，将为广州进一步发挥国际交往中心城市作用，促进粤港澳大湾区会展业高质量发展发挥更大的作用！

林蓝

中国美术家协会副主席

广东省美术家协会主席

目 录

广州白云国际会议中心配套工程艺术藏品

附录

项目简介

广州白云国际会议中心国际会堂及相关配套工程是为更好满足举办大型国际会议活动需要，进一步增强广州国际交往中心功能，打造的集国际交往接待、政务会议、商务会议功能为一体的会务目的地。

广州白云国际会议中心国际会堂位于广州市白云区白云新城的中轴线上，与白云山风景区相邻，由何镜堂院士总体设计，采用“云山叠景”的设计理念，其标志性的挑檐造型飞扬舒展，展现昂扬向上的动态美感；秉承传承创新的理念，实现建筑与生态的互融共生，用现代理念及技术打造具有国际水准、中国风范、岭南特色的经典建筑。

室内设计是在深度解读城市文化和建筑结构设计特点的基础上，提炼出“粤韵天合”的设计理念，从岭南文化中开放共融的特性，务实多元的智慧，以及多彩活力的人文生活中提取系统化设计的元素，并且逐步建立其中相互的关联与转化，强调各功能空间之间的通透性，各空间界面材质色调的鲜明性和细节工艺的多彩多样性，从而形成的室内设计逻辑。

项目鸟瞰

广州白云国际会议中心

国际会堂艺术藏品

国际会堂艺术品简介

国际会堂艺术品设计以本土的自然与人文为出发点，通过当地的山、水、城、田、海，以不同维度解读中国文化，览粤水迎八方，品锦穗登青峰，体味文礼之邦，白云包容万象。

“云山叠翠，粤韵天合，南国春晓，花盛云祥”。在深度解读城市文化和项目建筑结构设计特点的基础上，以“江澜海阔 · 花盛云祥”为艺术品主题，通过一层“从广州看岭南”、三层“从岭南看中国”、五层“从中国看世界”的创作逻辑解读中国文化，共设计实施艺术品21组。

五层

从中国看世界

三层

从岭南看中国

一层

从广州看岭南

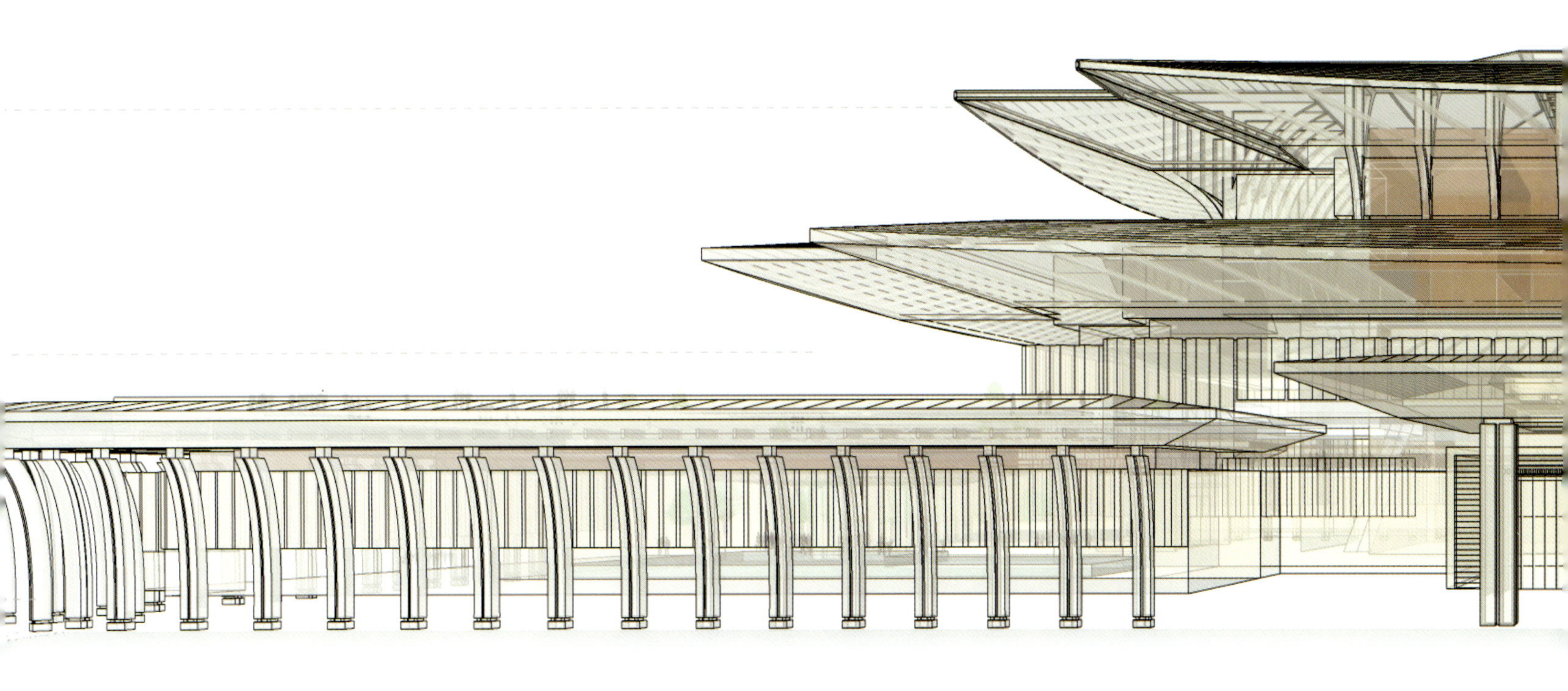

1

一层合影厅《绿水青山》
尺寸：W2156cm × H654cm
艺术品类别：中国画
作者：广州美术学院

2

一层会客厅《万山红遍》
尺寸：W800cm × H515cm
艺术品类别：中国画
作者：李劲堃

3

一层主会场前厅《碧海长虹》
尺寸：W1260cm × H800cm
艺术品类别：中国画
作者：李翔

4

一层东门厅《翠峰春泉》
尺寸：W1260cm × H800cm
艺术品类别：中国画
作者：许钦松

5

一层东门厅过厅《粤韵华章》
尺寸：W1120cm × H600cm
艺术品类别：中国画
作者：广州画院

6

一层中方贵宾室《行云流水醉秋山》
尺寸：W308cm × H405cm
艺术品类别：刺绣
作者：王新元

7

一层南侧贵宾室（东）《和合相生》
尺寸：W458cm × H405cm
艺术品类别：中国画
作者：王颖生

8

一层西门厅《百花齐放》
尺寸：W1260cm × H800cm
艺术品类别：中国画
作者：广东画院

9

一层西门厅过厅《羊城千载春悠悠》
尺寸：W1120cm × H600cm
艺术品类别：中国画
作者：汪晓曙

10

一层外方贵宾室《海丝映粤》
尺寸：W500cm × H325cm
艺术品类别：油画
作者：罗奇

11

一层南侧贵宾室（西）《江风海韵》
尺寸：W458cm × H405cm
艺术品类别：油画
作者：张路江

一层

从广州看岭南

一层作为迎宾、待客的重要空间，室内设计以“迎”为核心概念，艺术品设计充分表达岭南文化和广府文化，层层递进，解读岭南大美。

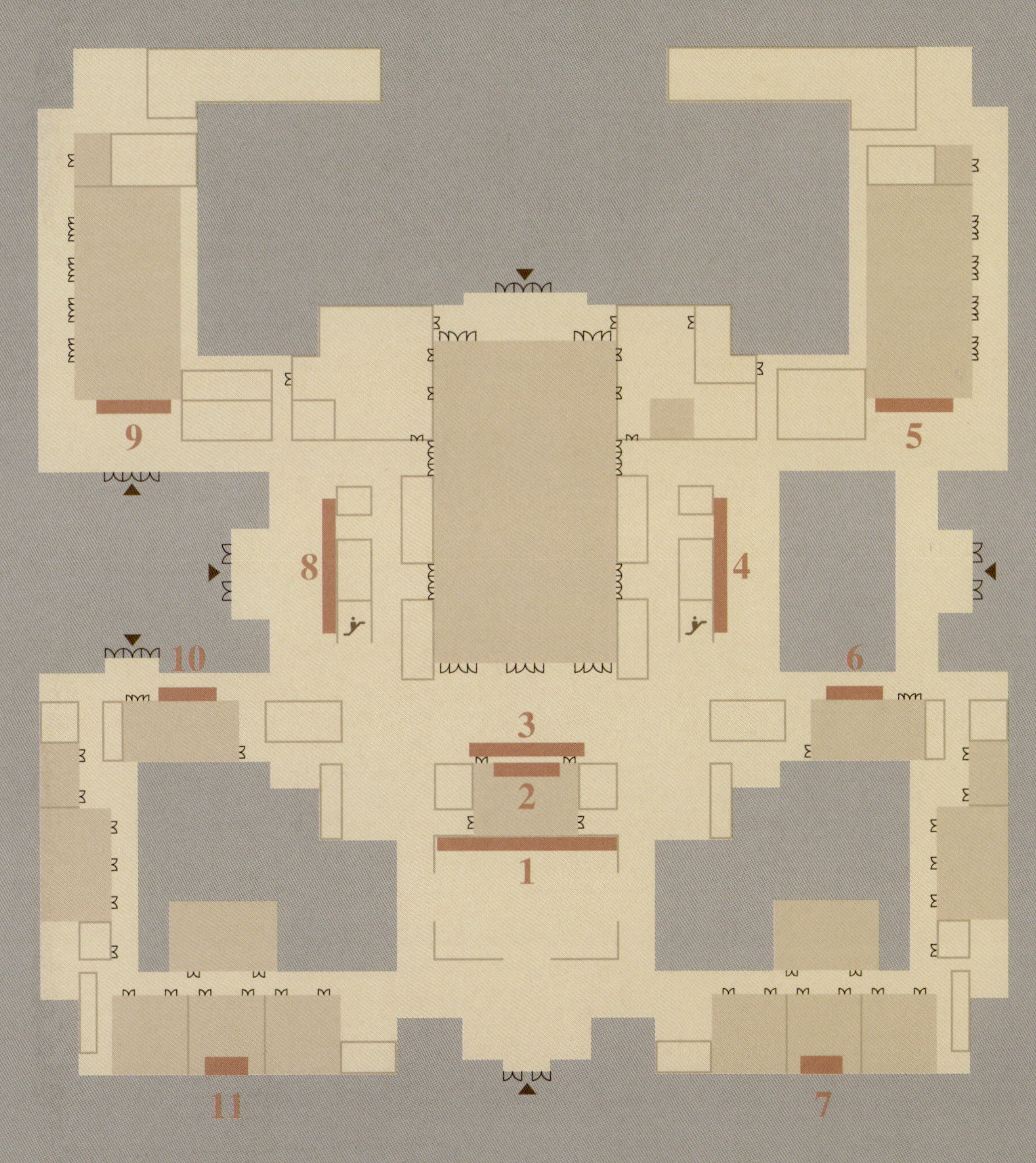

一层艺术品平面索引图

绿水青山

广州美术学院（李劲堃、莫菲、黄涛、林杨杰），中国画，W2156cm × H654cm，2022 年

创作主题围绕“绿水青山就是金山银山”，表现祖国大地山河秀美、生机盎然，以广东九连山、梅岭，湖南岳麓山，江西井冈山等与广东相连的群山区域的宏大地貌以及山脉特点作为表现对象进行描绘。广东韶关的石坑崆峰、石韭岭的深壑幽谷，飞瀑连缀，松柏苍翠，高山杜鹃嫣红点缀群山相映成趣的景色是画面意境、趣味及人文地理构成的重要元素。

作品着眼于我国南方山河的自然景色，以我国传统翠绿山水画的浪漫主义格调为特点，呈现祖国秀丽山河的多娇姿态。其画面构图深远壮阔，峰群绵延无尽，云烟缭绕，使观者仿佛置身于千岩万壑之间。画面通过千山皆绿、万山叠翠的效果，追求绿水青山像宝石般透亮的视觉感受，呈现出青翠欲滴的春天气象。青山之巍峨壮观，绿水之柔美温婉，亦有春意盎然之境。

《绿水青山》作品

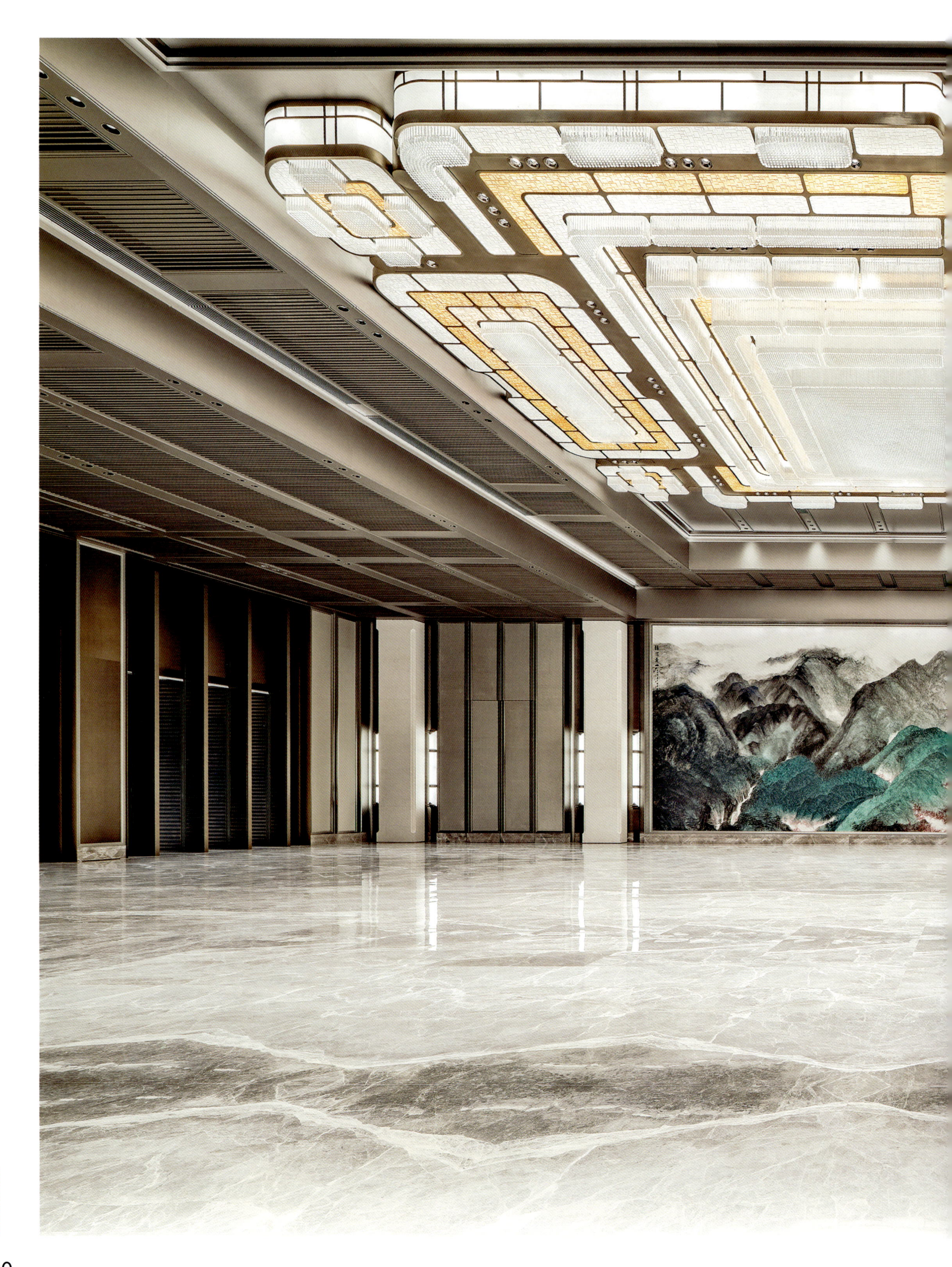

《绿水青山》作品场景图

《绿水青山》局部

《绿水青山》创作过程

万山红遍

李劲堃，中国画，W800cm×H515cm，2022 年

创作主题选自毛泽东诗词《沁园春 · 长沙》中的“万山红遍，层林尽染”。艺术家以此千山万水、大气磅礴、金秋似火、风和日丽、祥云涌动的画面气息和全景式的构图展开创作。雄伟大气的山河景色，山峰上层层叠叠的红色林木，让人感到蓊郁茂盛，一片赤红洋溢，展现了中国新时代的宏伟气象。

画面以暖红为主色调，热烈、祥和、温润，使天地万物充满生气，展现出祥瑞气象的环绕，画面中的红色景象如同剪影一般，金箔反射的光影与红色相结合，使得整幅作品波光粼粼，造就了“红色山水”的壮美气象。同时，也成功地点出了毛泽东诗词中“万山红遍，层林尽染”的诗情画意。这是中国理念、中国审美、中国气魄传播四方的寓意，以此来喜迎天下朋友。

《万山红遍》作品

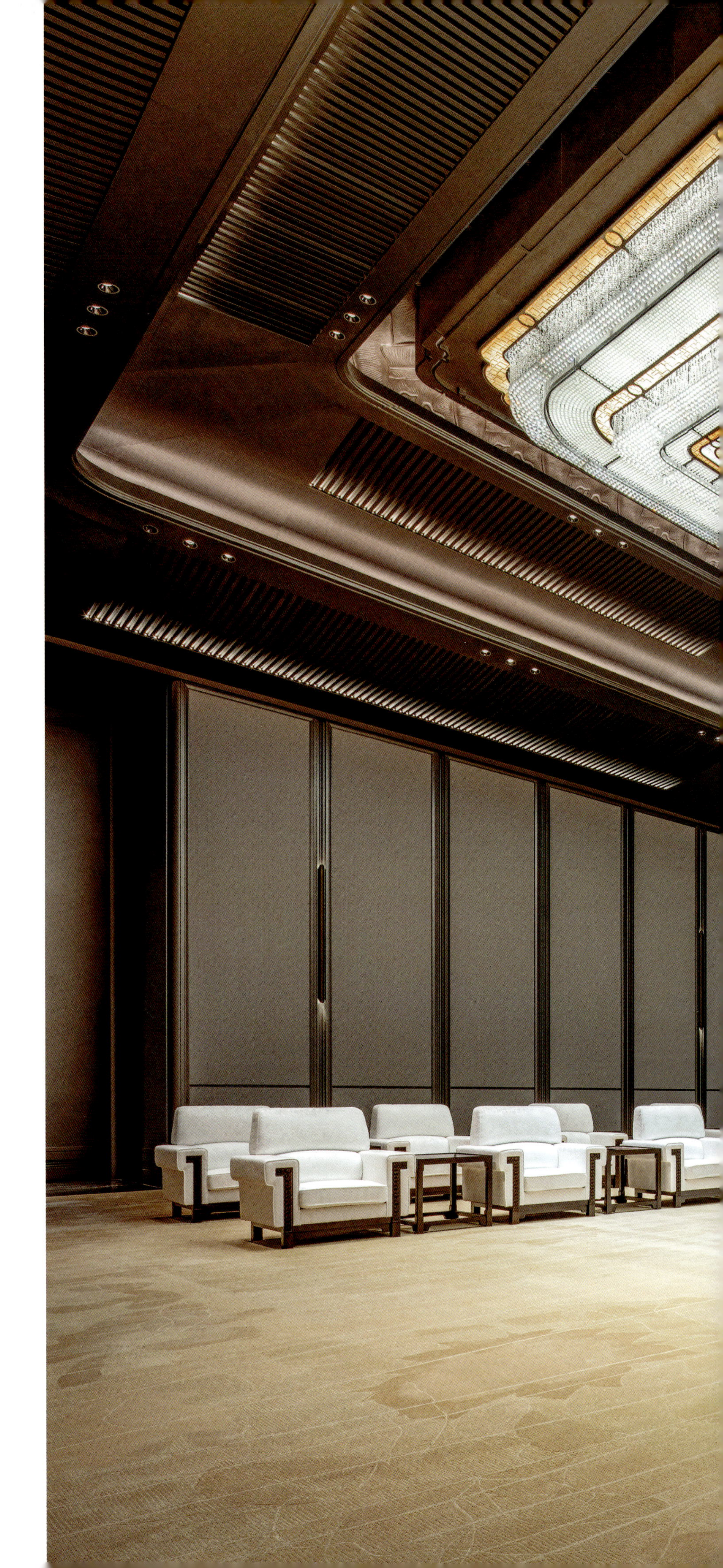

《万山红遍》作品场景图

《万山红遍》局部

《万山红遍》创作过程

碧海长虹

李翔，中国画，W1260cm×H800cm，2022年

港珠澳大桥是一座“圆梦桥、同心桥、自信桥、复兴桥”，是“国家工程、国之重器”。《碧海长虹》这幅作品通过描绘粤港澳大湾区重大工程建设盛况，展示国家面对世界开放的胸怀，进而体现中国人民为建设一个繁荣富强的社会主义国家的奋斗精神。

作品在创作技法上运用工笔手法，以港珠澳大桥、白云山、广州塔、鸿鹄山上的鸿鹄楼、山下的麓湖公园、曲玉桥等代表性地标建筑物为画面元素，展现粤港澳大湾区的蓬勃面貌和光明未来。

《碧海长虹》作品

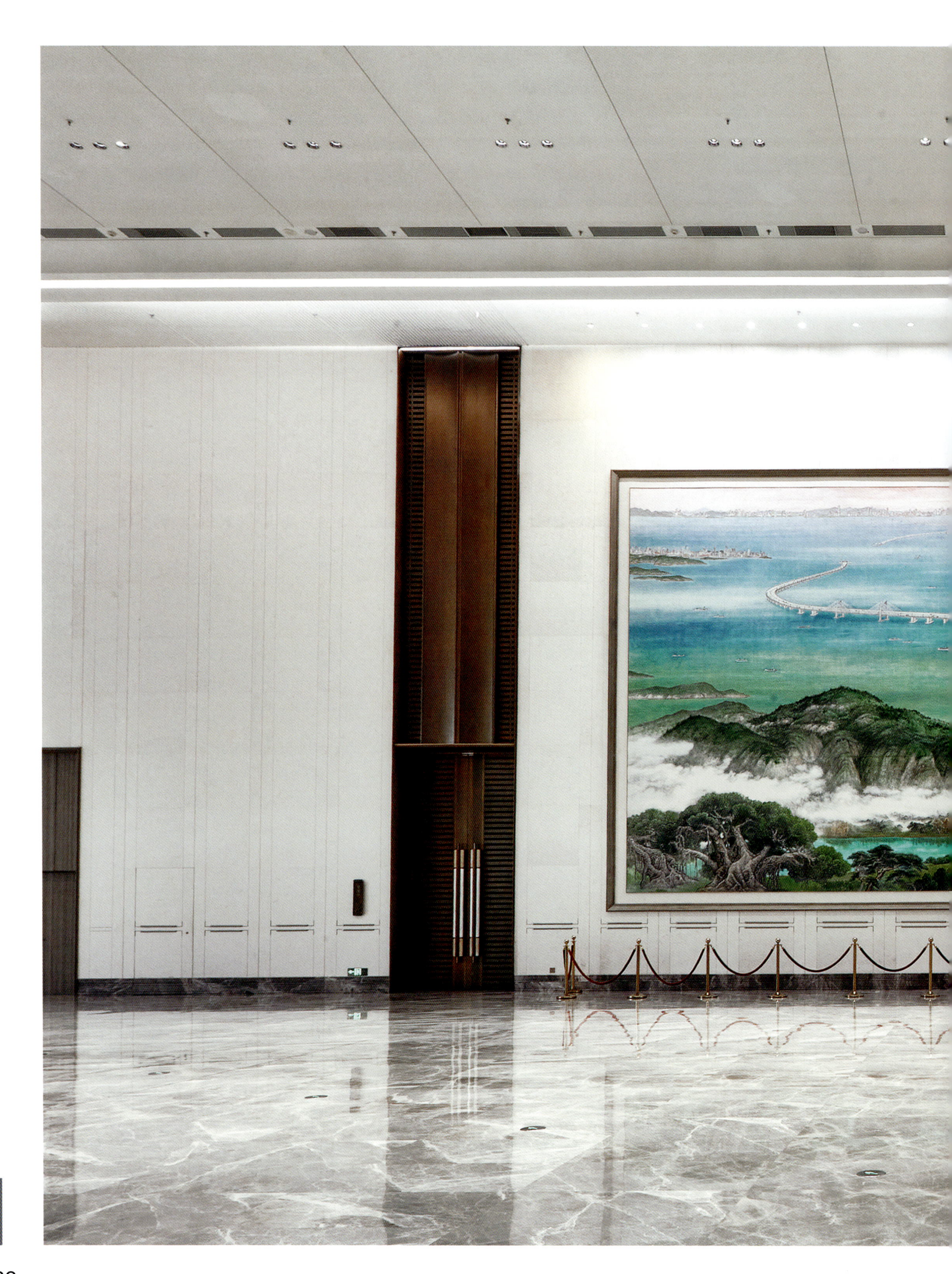

《碧海长虹》作品场景图

《碧海长虹》局部

《碧海长虹》创作过程

翠峰春泉
壬寅立春后歷半載方成此構於穗城白雲湖之畔玉尚堂許欽松并題

翠峰春泉

许钦松，中国画，W1260cm × H800cm，2022 年

《翠峰春泉》作品

主题为岭南山水，以长江水系与珠江水系的分水岭及其周围群山南岭山峰作为创作主体，综合南方山水的特点进行构思，用榕树、木棉等元素来体现木棉盛开的春天，表现岭南春意盎然、生机勃勃的景象。

在构图上，从画面左下角将视线引向右上角，再由右上角引向左上角“Z”字形构图，追求深度、深远之外的大场景。木棉树是整幅作品近景的主体，透过右上角在中景上可以看到丛林，看到了弯曲的山路顺势而上，再看到春泉的流动。画面的泉水来源于广东新丰县的云髻山，艺术家把这个元素纳入作品，整个山形中和了南岭的几个地点，构成了左右的山峰。从左上角仰望画面，从山顶再到远山，再看到天空，可以看到画面最上端是层层云海，形成一种平铺的气势，体现了开阔、博大的场面。作品表现了积极向上、预兆生命不断成长、不断发扬光大的主题，具备很强的思想性和艺术性。

翠峰春泉

《翠峰春泉》作品场景图

《翠峰春泉》局部

《翠峰春泉》创作过程

粤韵华章

广州画院（方土、宋陆京）
中国画，W1120cm×H600cm，2022年

作品以广州、深圳、珠海、香港、澳门五个城市最具地标性的建筑：广州塔、深圳平安国际金融中心、珠海大剧院、香港中银大厦、澳门新葡京酒店等现代城市建筑群错落有致地矗立在画面的画眼之处，融合在奔腾开阔的珠江和云海缭绕的岭南山脉之间，艺术地展现了粤港澳大湾区的蓬勃发展、广东生态文明建设的繁荣景象以及人与自然和谐共生的中国式现代化美好图景，表达了画家心目中牢牢树立的“绿水青山就是金山银山”的发展理念。

作品将我国传统山水画的美学特征、用笔用墨的技法特色、现代喷绘科技相结合，通过墨、赭石、石青、石绿等颜色进行千百遍勾勒、皴、点、染大面积的画面铺底，加以朱砂、朱膘、大红、赭石、牡丹红、胭脂等不同配比的红色点缀，再加上现代建筑在其中的画面构成，使整个画面产生不同程度的层次感，传统笔墨律动美感与现代喷绘的宁静之间构成的多重感受，使人自然而然地产生对新时代美好生活的无限向往。

《粤韵华章》作品

《粤韵华章》作品场景图

《粤韵华章》局部

《粤韵华章》创作过程

行云流水醉秋山

王新元，刺绣，W308cm×H405cm，2023年

作品以国画大师关山月的《行云流水醉秋山》原作为基础，先后融合了四大名绣（广绣、苏绣、蜀绣、湘绣）的工艺手法，使用传统广绣针法融入创新针法的绣法，对山水画进行了重新诠释。水墨山水画的刺绣，既要突出笔致的力度，也要凸显墨色的动感，这极其考验绣制的针法和水平。为了呈现中国画立体的山水效果，作品总共配置了3996种颜色，通过层层叠加的针法和艺术家对原作的理解，使整个画面呈现出一种流动的动态感。传统中国画与非遗技艺的碰撞融合，让观者在欣赏作品的同时，也能沉浸在山水之间，领略到大自然的魅力和中国文化的博大精深。

《行云流水醉秋山》作品

《行云流水醉秋山》作品场景图

《行云流水醉秋山》刺绣局部

《行云流水醉秋山》刺绣创作过程

《和合相生》作品

和合相生

王颖生，中国画，W458cm × H405cm，2022 年

“和合”之“相生”，不惟有形、不限彼此、不拘差异、不囿内外，志在物外，意在共生。荷花“中通外直，不蔓不枝”，“出淤泥而不染，濯清涟而不妖”，拥有高尚的品格，是中国精神的象征。重瓣荷花，围绕莲心，层层抱长，不仅形象更为富贵和华丽，同时也是人民生活和谐富足的象征。作品以荷花为代表，用国画的技法和具有祥和感的色彩，表现出荷花的安静娴雅，寓意我国各民族手拉手、心连心，融洽团结，和合相生。

《和合相生》作品场景图

《和合相生》局部

《和合相生》创作过程

百花齐放

广东画院（林蓝、郑阿湃、黄国武、周正良、陈映欣、陈迹、杜宁等），中国画，W1260cm × H800cm，2022 年

作品以“百花齐放、繁荣富强”通构整体，以“花”为元素贯穿全幅，画面构成包含我国各地的代表性花卉。

每一个版块均由新中国成立以来各省花、市花、区花或代表性花卉拼贴组合而成。国花牡丹居中，与四周以绿叶相映，花繁叶茂，寓意全国人民在中国共产党的统一领导下走向富强。在表现技法方面“折衷中西，融汇古今”，作品以岭南画派“兼工带写，彩墨并重”的艺术表现语言，以岭南画派传统的“没骨法”与“撞水撞粉法”等艺术表现技法，以对繁花茂叶细致入微的视觉呈现，以“笔墨当随时代”的创新精神，描绘出浑厚而斑斓的艺术面貌。

新中国所取得的一系列成就如百花盛开，寓意“百花齐放、百家争鸣”的文艺“双百”方针在新中国文化建设领域发挥巨大作用、结出丰硕成果，展现了中国特色社会主义的强大内生动力、为人类文明发展作出更大贡献的美好愿景。

百花齊放
歲次壬寅廣東畫院
林藍 鄭阿湃 黄國武 周正良 陳映欣 陳迹 杜寧 特邀畫家 劉明 李俊 吴龍强 崔永强 王文詩 薛康 陳崢璧 合作

《百花齐放》作品

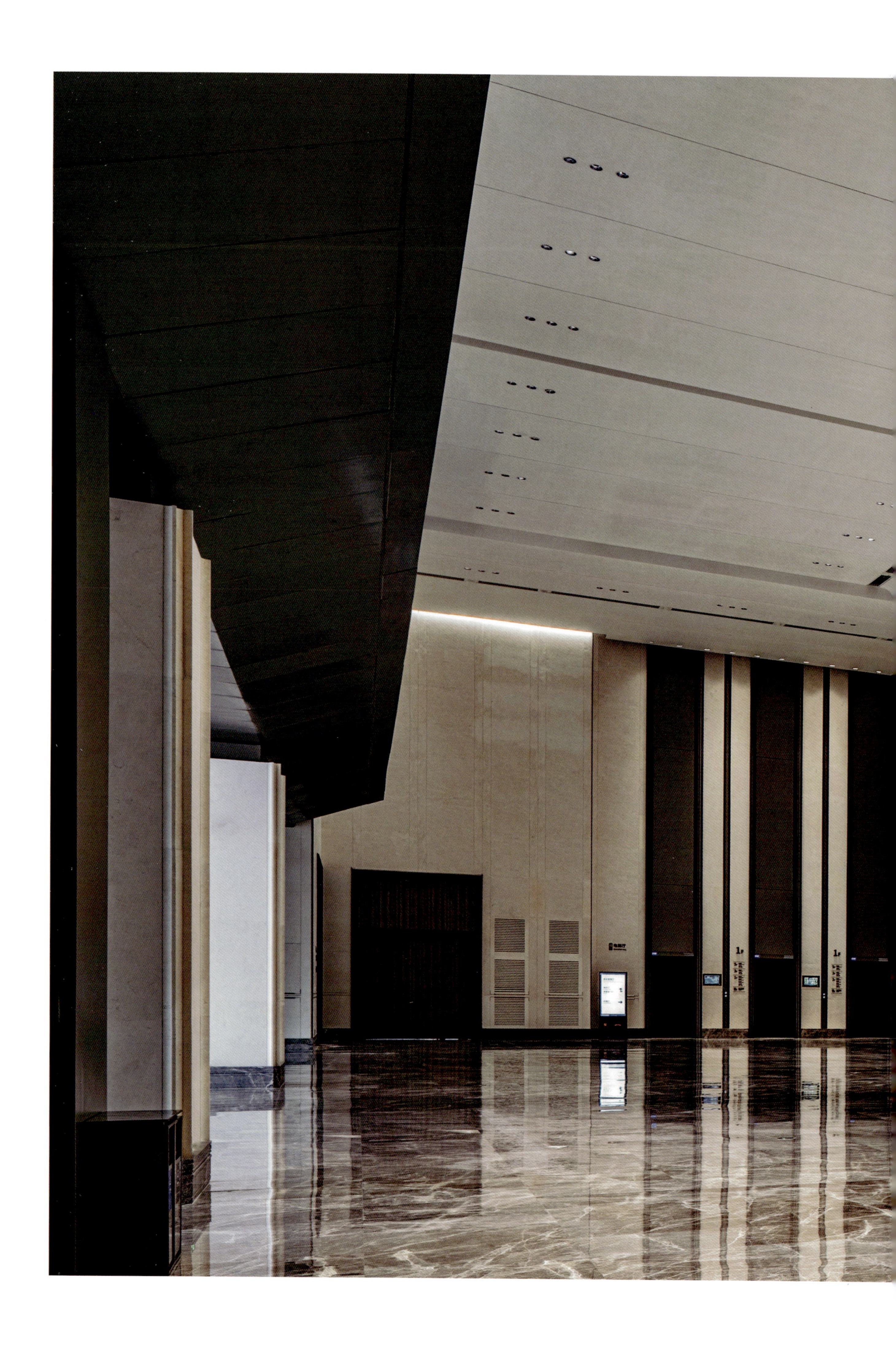

《百花齐放》作品场景图

《百花齐放》局部

《百花齐放》创作过程

羊城千载春悠悠

汪晓曙，中国画，W1120cm × H600cm，2023 年

作品以广州市传统中轴线的景观和建筑物为创作背景，表现了千年羊城的昔日风光和当代风气。画面着力刻画了越秀山和镇海楼以及被千年古榕树和遍地红棉环抱着的中山纪念堂、广州市政府大楼、广州人民公园和人民广场等景观，突显了古邑广州万世兴旺的人文环境和自然风光。

作品通过红满枝头的英雄花来表现羊城儿女的英雄风范，通过千年古榕树来隐喻岭南人生生不息、拼搏向上的精神，特别是通过满目春色，象征着岭南人民走进新时代的豪迈气势和伟大抱负。

《羊城千载春悠悠》作品

《羊城千载春悠悠》作品场景图

《羊城千载春悠悠》局部

《羊城千载春悠悠》创作过程

海丝映粤

罗奇，油画，W500cm × H325cm，2022 年

新丝绸之路经济带，东边牵着亚太经济圈，西边系着发达的欧洲经济圈，被认为是“世界上最长、最具有发展潜力的经济大走廊”。这既是对历史文化的传承，也是对该区域蕴藏的巨大潜力的开发。

作品围绕共建“丝绸之路经济带”和“21 世纪海上丝绸之路”的重大倡议，画面主要体现 19 世纪初 20 世纪末的广州海港景象。广州是中国古代海上丝绸之路的发源地，画作以广州港口码头景观为主要呈现内容，结合海上丝绸之路航线，表现广州日新月异的海丝文化。

《海丝映粤》作品

《海丝映粤》作品场景图

《海丝映粤》局部

《海丝映粤》创作过程

江风海韵

张路江，油画，W458cm × H405cm，2023 年

通过高耸灯塔、极目远眺的海平面等元素，寓意岭南人民在中国共产党的领导下锐意进取、不断拼搏的精神。

画面中的灯塔伫立在海平面之上，一望无际的海面和孤独的灯塔形成鲜明对比。灯塔用火光将海上之路照明，为迷茫的船只指引航行的方向，无私奉献，勇于承担，责任重大，表现了万河归海、波澜不惊的画面语境，不仅展现出岭南博大精深的文化气度，更构建出岭南精神海纳百川的心境情怀。

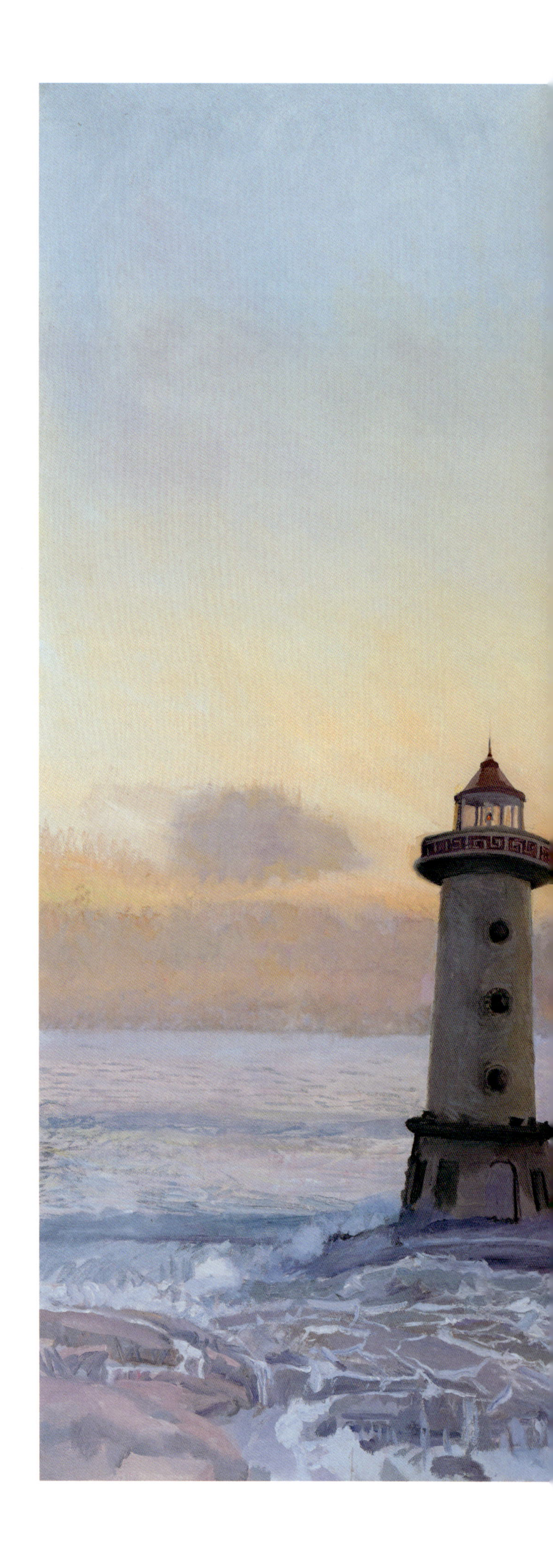

《江风海韵》作品

《江风海韵》作品场景图

《江风海韵》局部

《江风海韵》创作过程

1

三层前厅《万里同风》
尺寸：W800cm × H800cm × 2
艺术品类别：油画
作者：范迪安

2

三层前厅（东侧）《国韵山河》
尺寸：W420cm × H800cm
艺术品类别：中国画
作者：丘挺

3

三层前厅（西侧）《江山雄秀》
尺寸：W420cm × H800cm
艺术品类别：中国画
作者：岳黔山

4

三层东侧休息厅《根深叶茂》
尺寸：W960cm × H720cm
艺术品类别：中国画
作者：方楚雄

5

三层贵宾室《羊城春晓》
尺寸：W278cm × H310cm
艺术品类别：刺绣
作者：王新元

6

三层西侧休息厅《吉祥岭南》
尺寸：W240cm × H720cm × 4
艺术品类别：中国画
作者：林蓝

7

三层主会场《花盛云祥·大美中国》
尺寸：W160cm × H890cm × 24
艺术品类别：木雕
作者：陆光正

三层

从岭南看中国

三层是重要的会场空间。以“礼”为核心概念，用礼乐的传承彰显大国风范和众智集贤的信念。

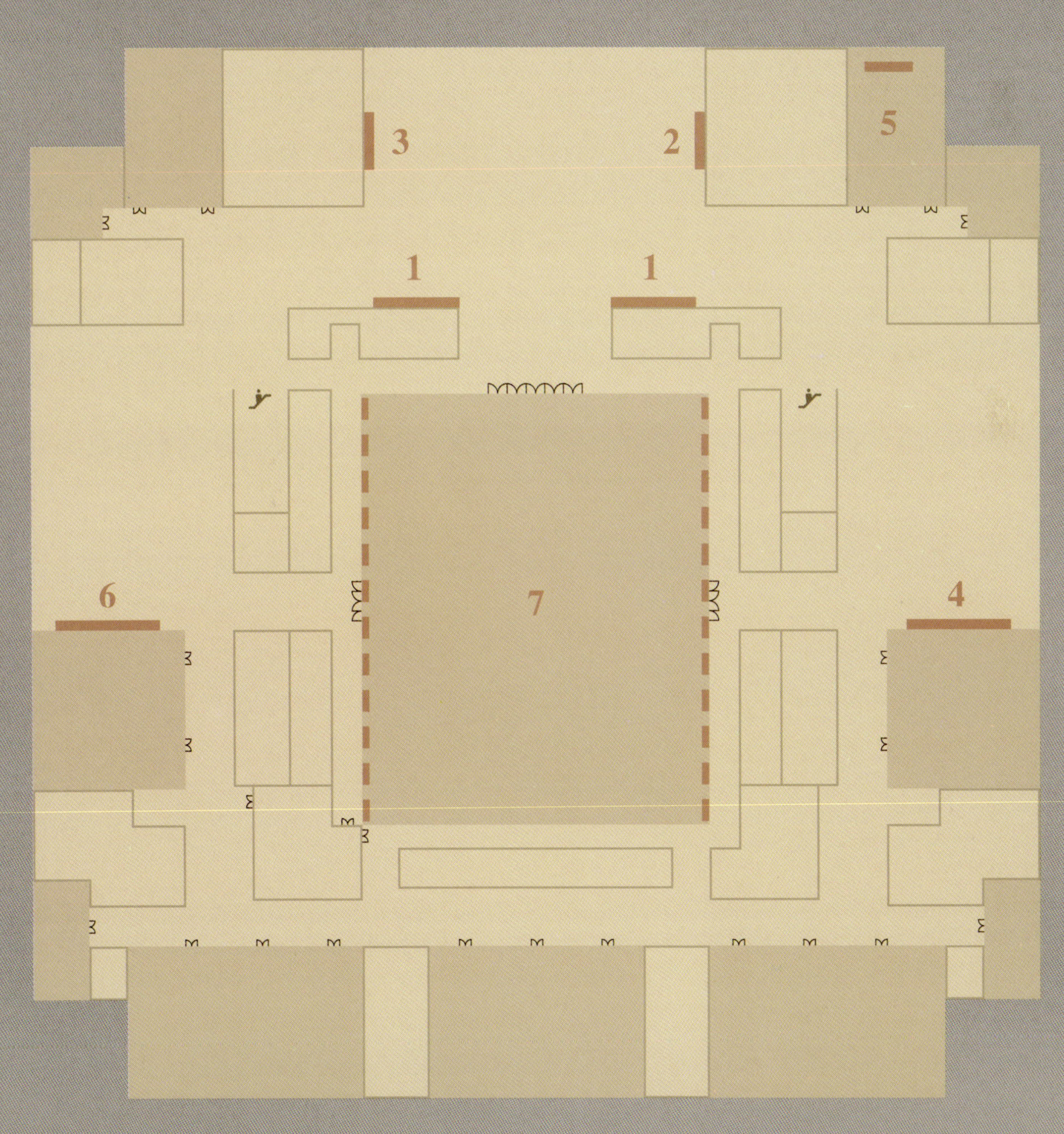

三层艺术品平面索引图

万里同风

范迪安，油画，W800cm×H800cm×2，2023年

作品以“构建人类命运共同体”为创作核心，以“同住一个家园，共享一片天空，凝望一汪海洋，地球共享绿色清风，天下合而为一”为主题。画面营造了一种海纳百川的辽阔之感，彰显了海天一色和充满希望、祥和的美好景象。在“江澜海阔”之上，向世界打开双臂，拥抱“万里同风”。

《万里同风》作品

《万里同风》作品场景图

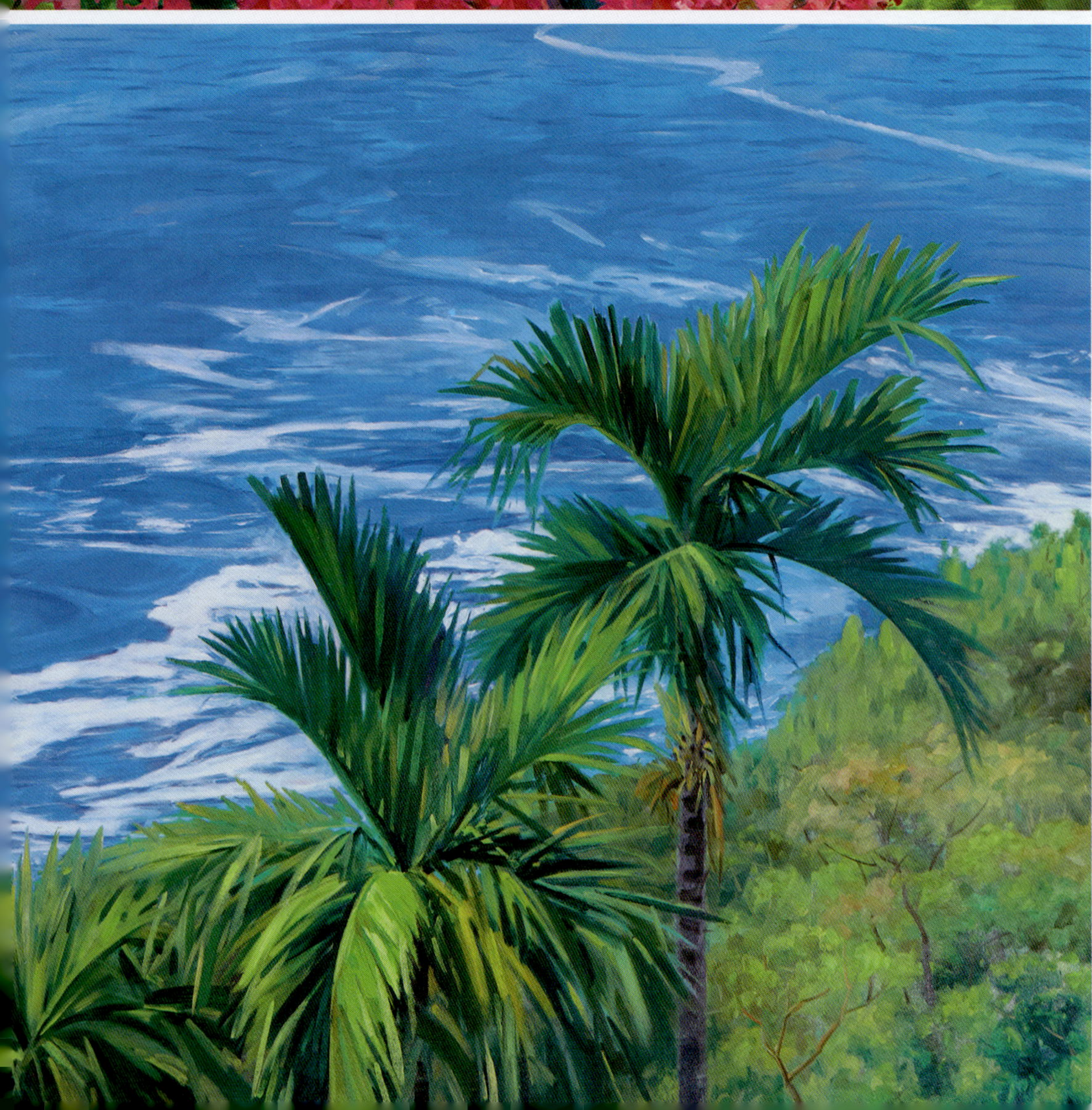

《万里同风》局部

《万里同风》创作过程

国韵山河

丘挺，中国画，W420cm×H800cm，2022 年

作品山势起伏雄峻，岩壁高耸，营造了一种山不厌高的气势。每一座山峰连绵不绝，或高耸入云，或蜿蜒曲折，广阔的视野和深邃的空间感共同构成一幅气势磅礴的画卷。

在悬崖峭壁的石峰中，顽强生长着不屈不挠的奇松古木，从画面前景的山径崎岖推进。创作者运用不同的笔法描绘了山石的质感和水流的动态，让烟云与山川相映，以高远为主，兼具幽远、深远的景象，虚实相间，动静相生。

《国韵山河》作品

《国韵山河》作品场景图

《国韵山河》局部

《国韵山河》创作过程

江山雄秀

岳黔山，中国画，W420cm×H800cm，2022 年

作品以泰山、黄山、华山等名山大川的山峰、松石以及烟云瀑布为创作素材，意在表现祖国山河的雄伟壮丽和灵气生机。在蓝色天空的处理上，则以一抹朝阳寓意伟大的祖国蒸蒸日上、欣欣向荣；在树木的刻画上，是以松树为主，寓意伟大祖国不怕艰难、坚忍不拔、万古长青。画面中以连绵山川、不屈青松、温暖霞光相结合，山水设色在水墨的基础上使画面更加丰富。在力求表现山水自然、赞美自然之外，更有歌颂人民的勤劳与智慧、表达对未来的美好愿景以及对祖国山河和人民的无限热爱和祝福之意。作品反映的整体意象，体现了“江山就是人民，人民就是江山”的主题思想。

《江山雄秀》作品

《江山雄秀》作品场景图

《江山雄秀》局部

《江山雄秀》创作过程

根深葉茂
壬寅秋方楚雄画

《根深叶茂》作品

根深叶茂

方楚雄，中国画，W960cm × H720cm，2022 年

“枝繁叶茂、苍劲挺拔、荫泽后人、造福一方。”本作品以岭南最有特色的榕树与芭蕉为呈现主题。榕树扎根深土，不畏寒暑、四季常青，叶茂如盖、傲然挺立，具有普遍性、认同感及一种独特的城市归属感和自豪感。

画面以苍老、繁茂的古榕树占据主要部位，配以鲜绿的芭蕉和硕果，给人以强烈的视觉感受。孔雀是吉祥之鸟，给画面增添祥和、雍容、安宁的气氛。它既象征着顽强进取、奋发向上的精神，又为世人撑起一片宁静与阴凉。

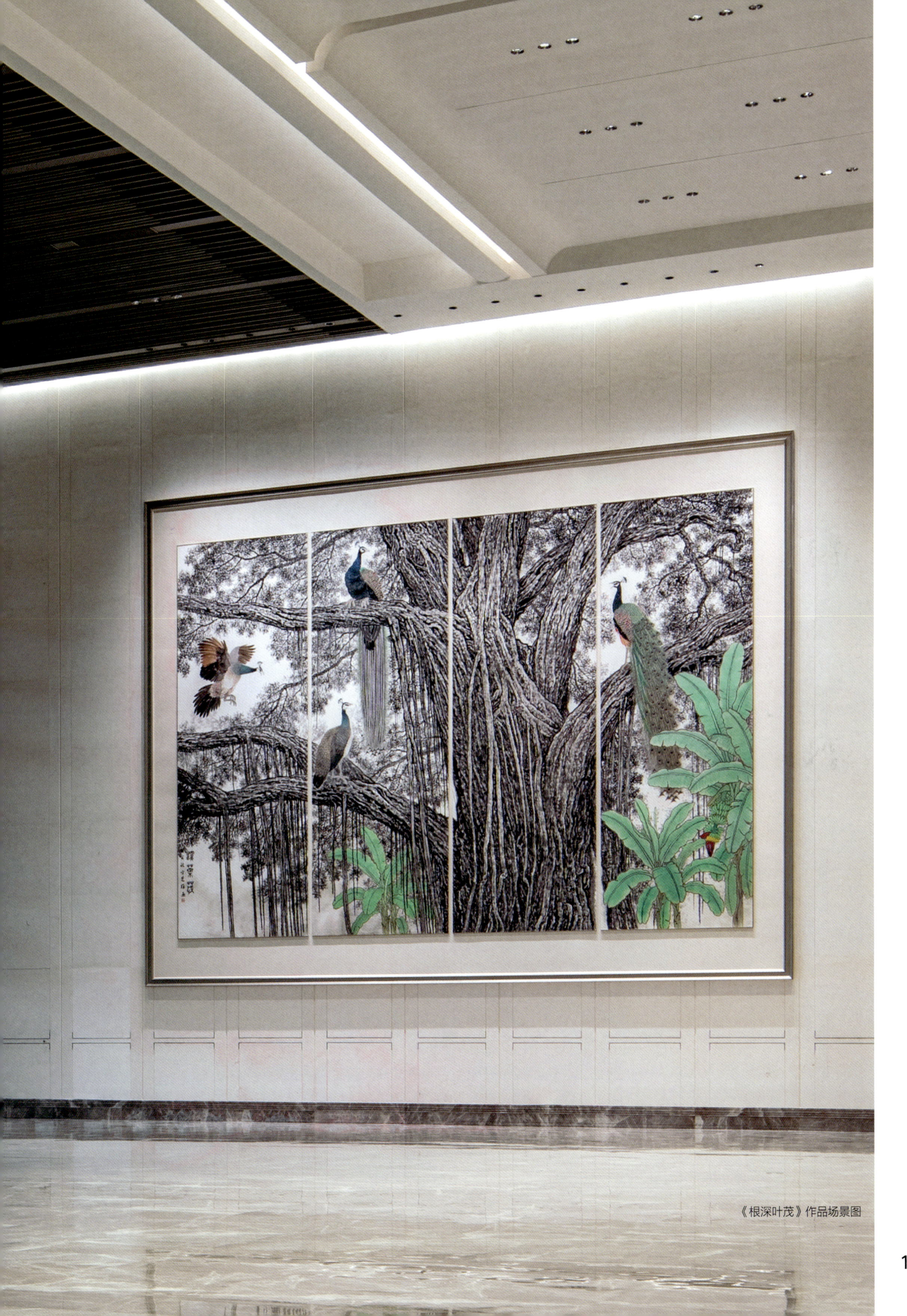

《根深叶茂》作品场景图

《根深叶茂》局部

《根深叶茂》创作过程

羊城春晓

王新元，刺绣，W278cm × H310cm，2022 年

作品以国画大师关山月的《红棉飞雀》原作为基础，以广绣为主绣，融合苏绣、蜀绣、湘绣进行二次创作，充分展现充满生活气息的羊城风貌。

作品配置了 3616 种颜色的绣线，用丝线多层叠加，绣制出水墨渲染的层次感，巧妙地把国画的浓与淡融入绣布。作品的主体木棉花和主树干采用广绣针法绣制，远看醒目，近看非常精细，注重光影变化特色，构图饱满、繁而不乱；画作背景采用苏绣的乱针绣针法；中枝树干构图严谨，色彩丰富，采用了湘绣的针法；对关老原作的书法和印章用针工整，丝路清晰，采用了蜀绣的特色针法。整幅作品的完成，不仅保留了中国画的传统韵味，还增添了作品的立体感和层次感，在灯光的映衬下，焕发新的艺术光彩。

《羊城春晓》刺绣作品

《羊城春晓》刺绣场景图

《羊城春晓》刺绣局部

《羊城春晓》刺绣创作过程

吉祥岭南

林蓝，中国画，W240cm×H720cm×4，2022 年

以岭南地域特有风物为主题，以岭南时代新韵呈现为核心。在内容上选取以广东特有的花与果为代表，即春季开花的木棉花、鸡蛋花与夏季结果的荔枝、香蕉。春华夏实，花繁枝茂，生机盎然，硕果累累，欣欣向荣，寓意吉祥。在形式上则采用浓墨重彩的手法，以金为底，以红绿为主，色调由大红、橙红至淡绿、墨绿渐错，以期简练、突出而有力，墨色层层，水渍交触源于岭南画派居廉、居巢先师，撞水撞粉技法可谓质朴而堂皇，线条造型明快丰满，挺拔向上，对岭南传统绘画手法进行了现代化的明丽转译。

通幅取意广东音乐作品《迎宾曲》中温暖喜庆的岭南意象，着力突出了岭南文化特有的浓郁斑斓，展现鲜明的岭南特色、强烈的时代气息、深厚的文化底蕴和生机勃勃的大国气象，以期反映人民群众对美好精神生活的向往，更寓意新时代的新思想在岭南大地生根开花，结出丰硕成果。

《吉祥岭南》作品

《吉祥岭南》作品场景图

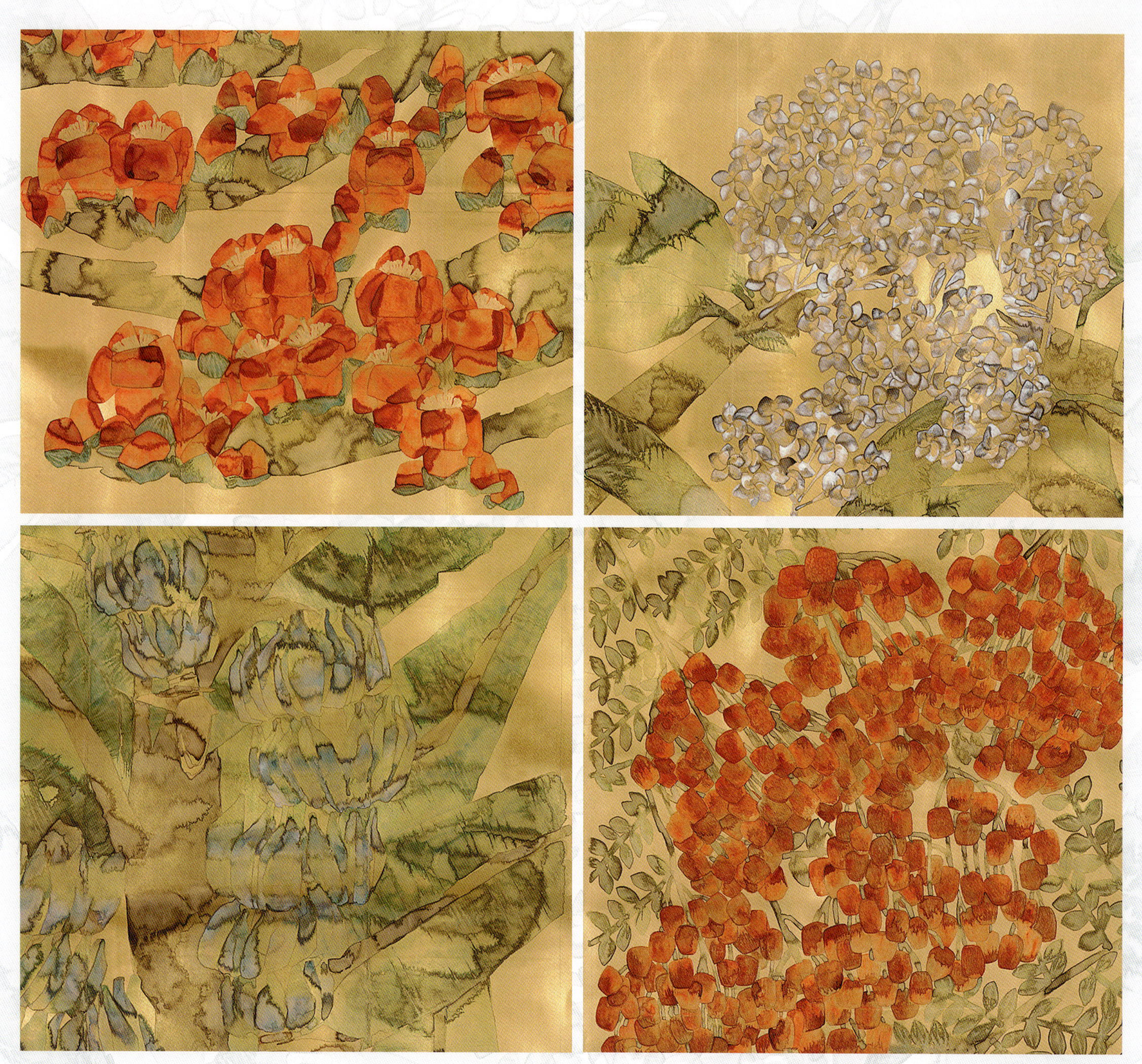

《吉祥岭南》局部

《吉祥岭南》创作过程

花盛云祥·大美中国

陆光正，木雕，W160cm × H890cm × 24，2022 年

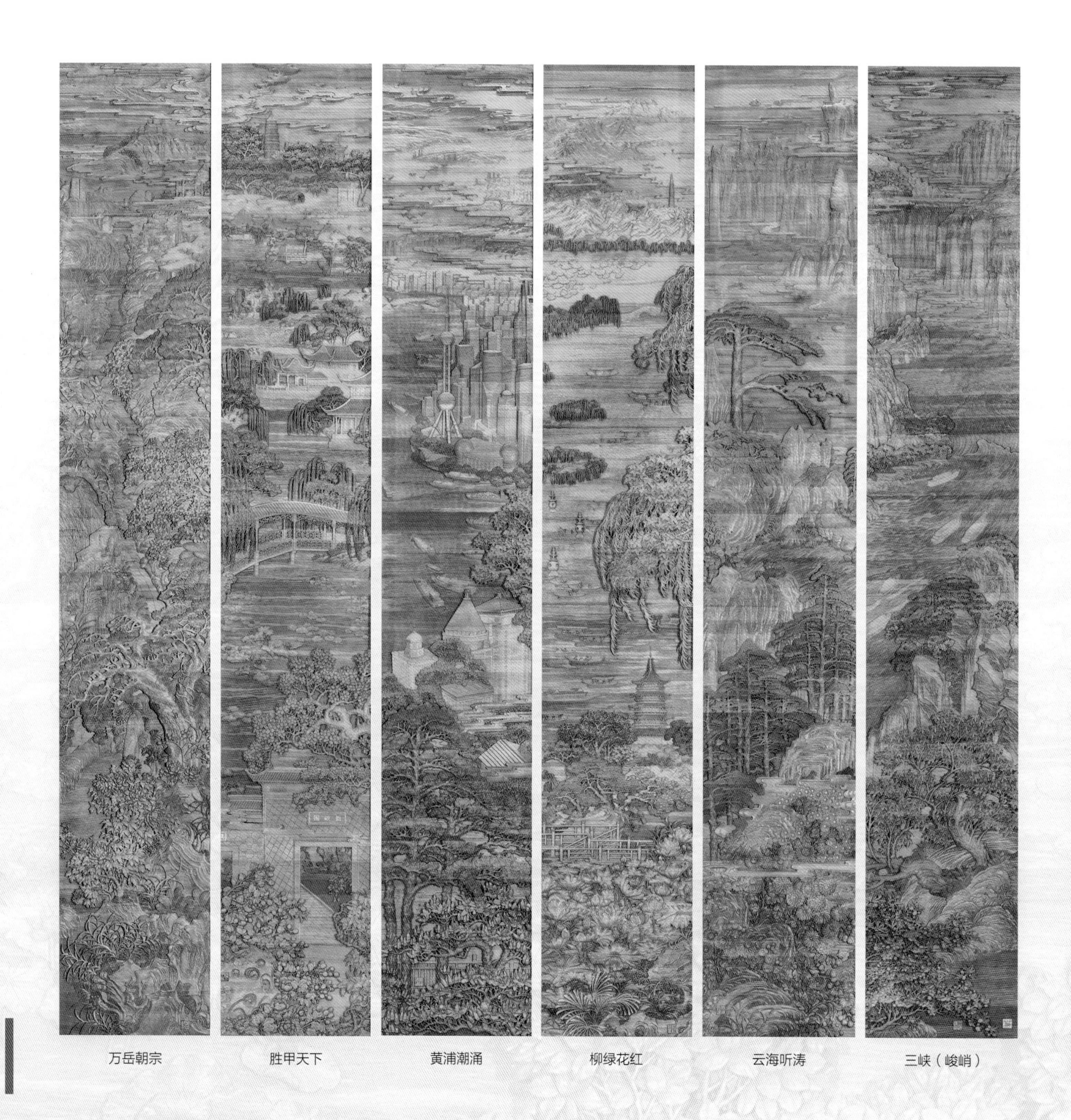

万岳朝宗　胜甲天下　黄浦潮涌　柳绿花红　云海听涛　三峡（峻峭）

本组木雕作品由东阳木雕与潮州木雕融合创作而成，首次对工艺进行创新，极力发挥两大木雕派系的各自特色和优势，使木雕画面更为生动，工艺丰富协调。

作品以二十四节气为主线，按春、夏、秋、冬四季分成 4 组，布置于场馆内四个主要墙面，按地理位置对应中国的东南西北四个方位。每组选用 6 处具有代表性的自然和历史人文景观进行创作，体现祖国山川秀美、人杰地灵以及城市发展欣欣向荣的景象。

作品在造型构图、浮雕、叠雕技法上以东阳木雕为主，以多层次表现丰富的物象，突出东阳木雕色泽素雅、雕刻细腻、主次分明的艺术特点；前景装饰上融入花卉植物的点缀衬托，花卉的选择则完美对应景点特色及开花节气，采用潮州木雕的镂空技法，局部画面（如古塔、花卉、植物等内容）则施以贴金等相关工艺，呈现潮州木雕保留平面、构图饱满、剔透玲珑的工艺特色。

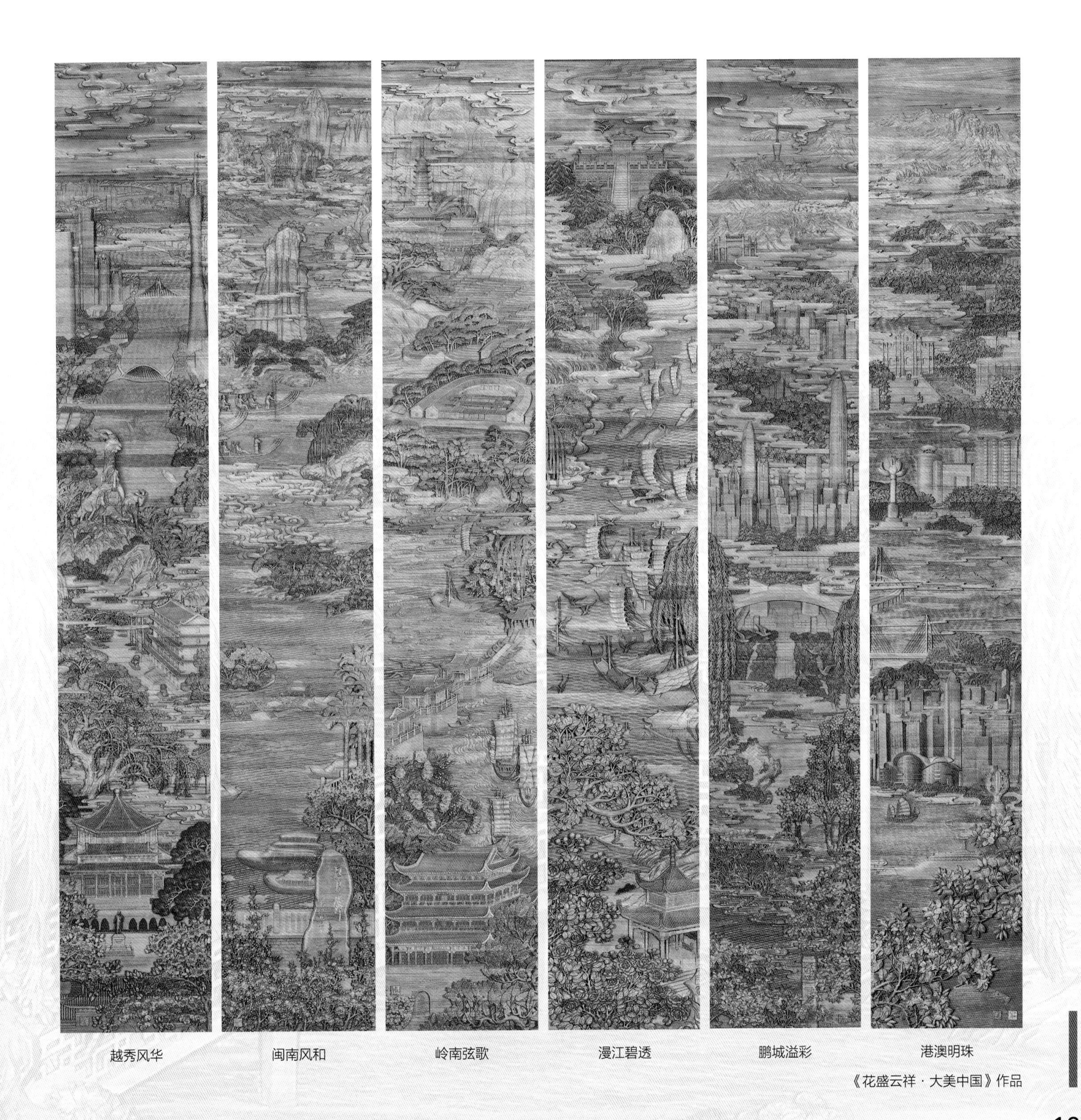

越秀风华　闽南风和　岭南弦歌　漫江碧透　鹏城溢彩　港澳明珠

《花盛云祥 · 大美中国》作品

《花盛云祥·大美中国》局部

《花盛云祥 · 大美中国》创作过程

1

五层前厅《共建家园》
尺寸：W338cm × H610cm × 2
艺术品类别：油画
作者：马路

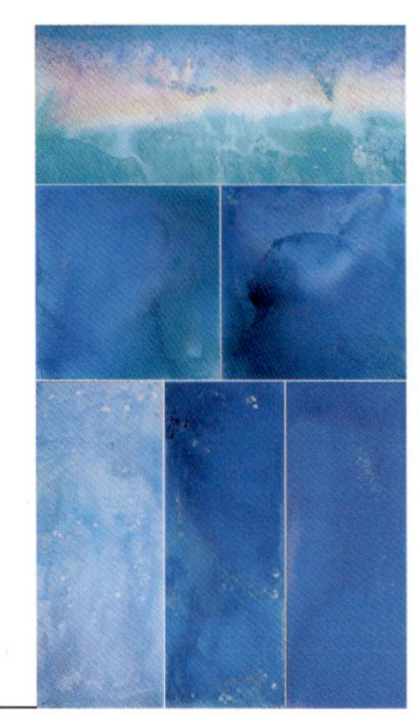
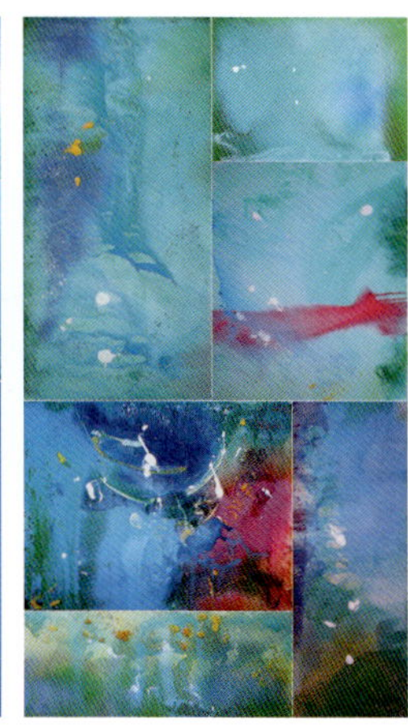

2

五层东侧休息厅《赤壤三千》
尺寸：W1200cm × H400cm
艺术品类别：中国画
作者：王绍强

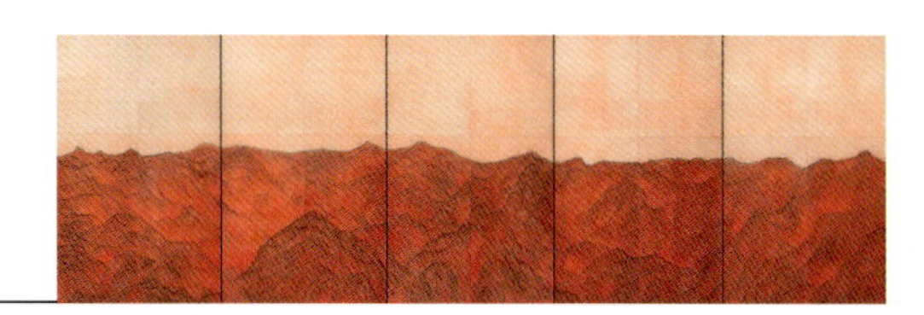

3

五层西侧休息厅《与时偕行》
尺寸：W1200cm × H400cm
艺术品类别：油画
作者：谭平

五层

从中国看世界

五层以“容”来定位国际化，体现共融世界、四海升平的意象和云山江海、面向未来的气魄。

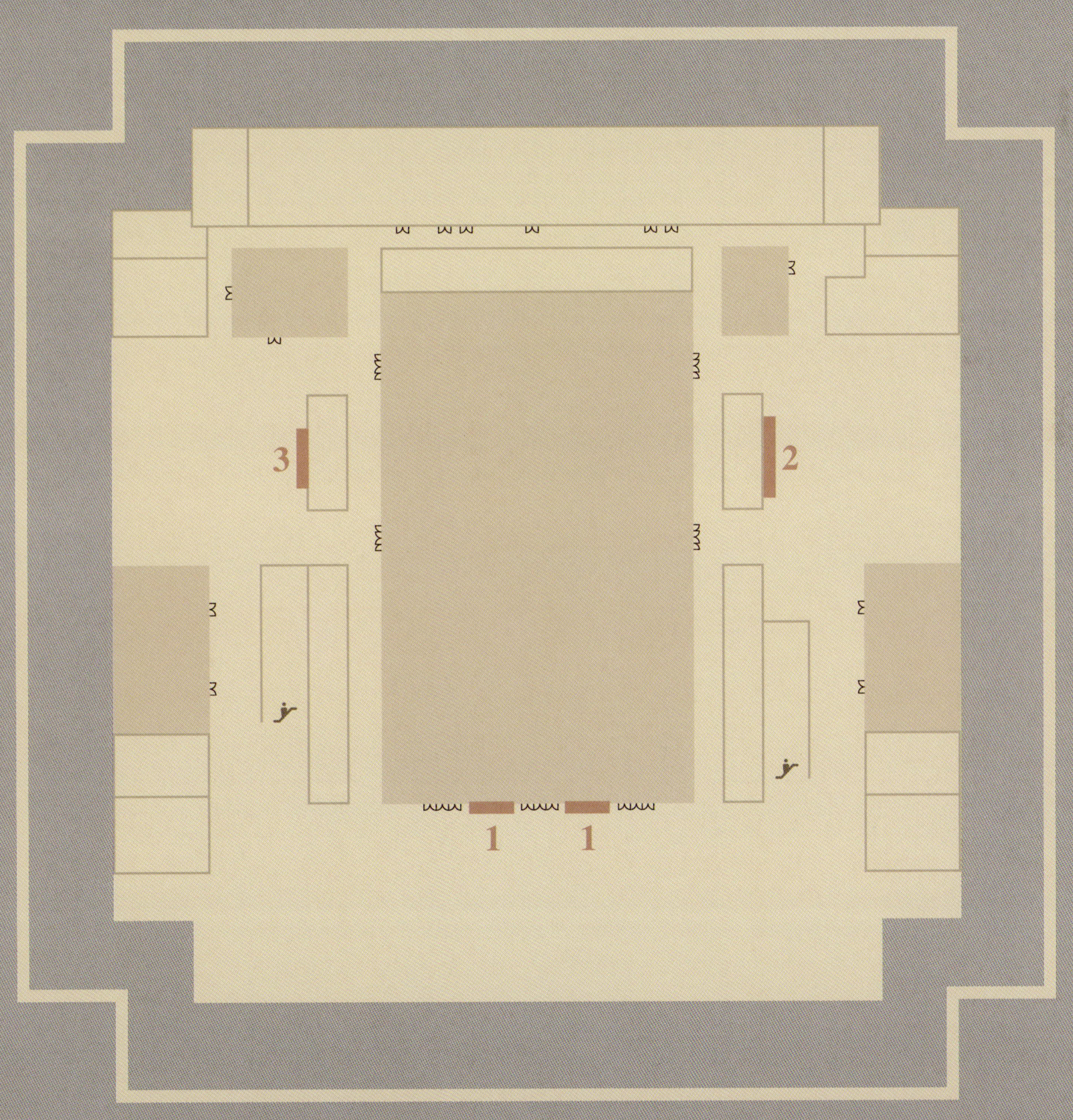

五层艺术品平面索引图

共建家园

马路，油画，W338cm×H610cm×2，2022 年

在博大的历史洪流中，家园是人类亘古不变的精神追求，是人类心灵对归属、安全和认同的渴望。人们对“家”特殊的情感，根植于文化底蕴之中。

作品主要通过泼、滴等不同的手法，利用浓度变化，使色彩的互渗、渐变形成层次丰富的视觉效果。在色彩上选用蓝绿色调，蓝象征着“天”，绿象征着“地”，对称和错乱的拼合结构使画面之间既可看作一个整体，却又各自独立，用以诠释共建家园的创作主题，深刻体现了每个人都应该参与家园的规划和管理、让家园更美好的愿望。

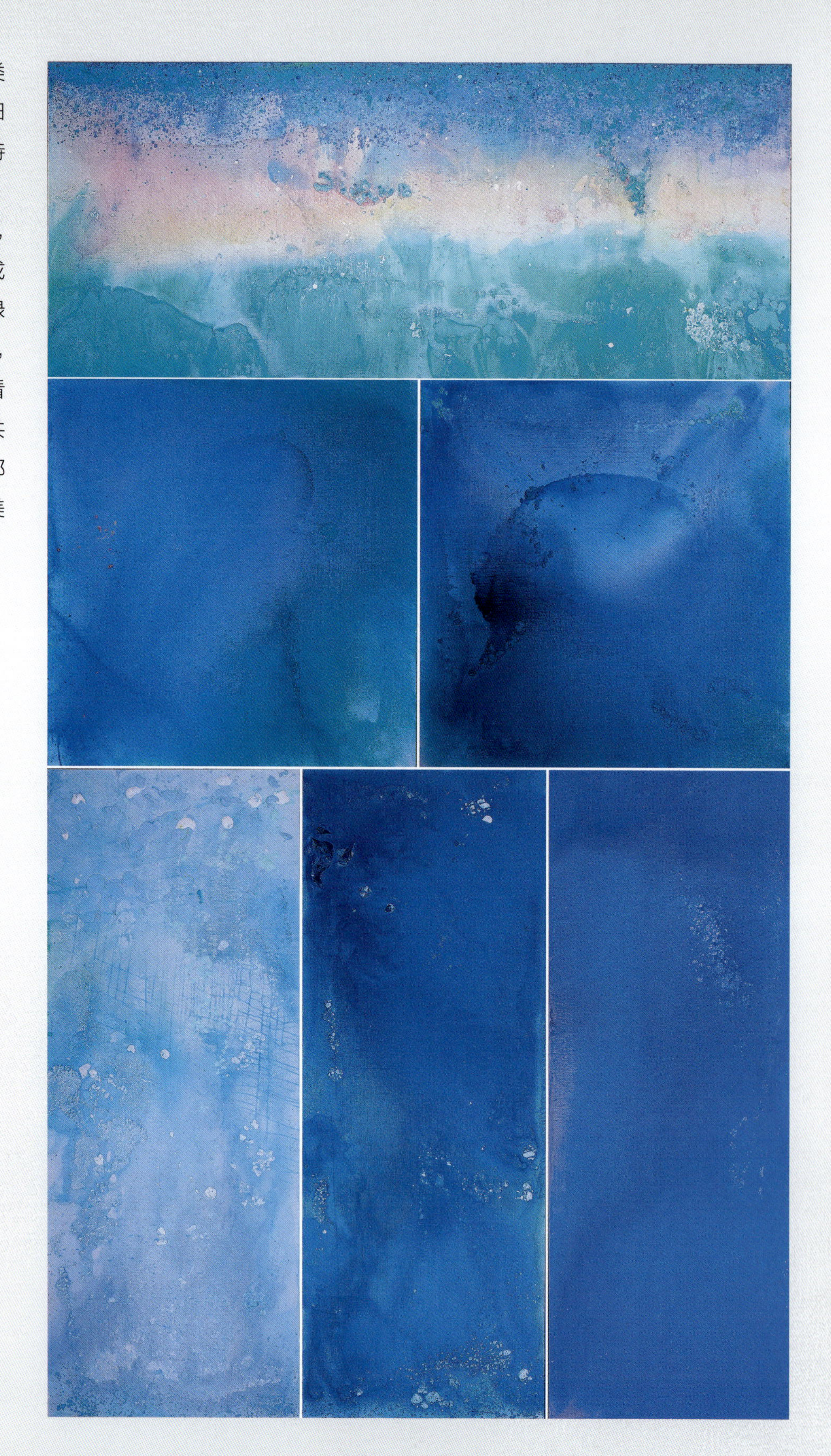

《共建家园》作品

《共建家园》作品场景图

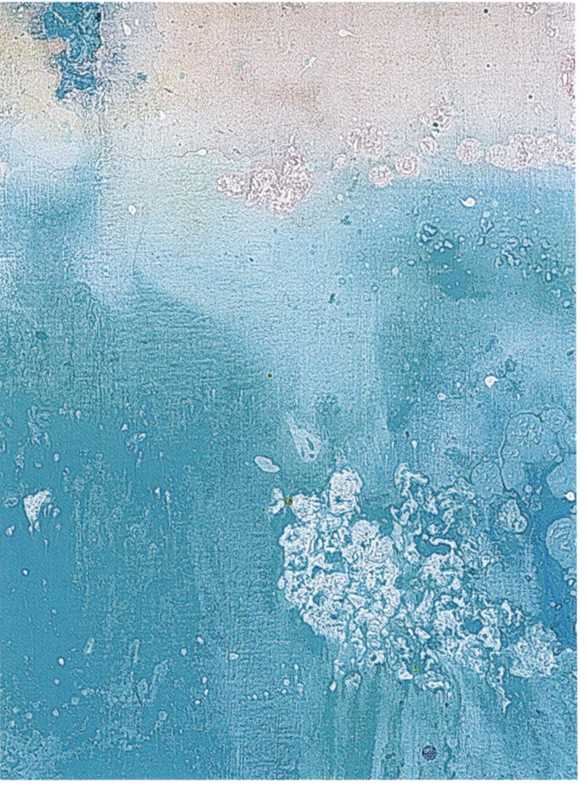

《共建家园》局部

《共建家园》创作过程

赤壤三千

王绍强，中国画，W1200cm × H400cm，2022 年

作品主题取自明代文人伍瑞隆《翔龙篇赠伯襄上春官》中的“春耕赤土三千里”，寓情于景。三千里的赤土大地，山河源流，气象万千，是古与今、具象与抽象的江山的概念。

以古法铺垫，同时介入当代构成主义的方法论。采用当代积墨法，深入探索传统与当代的转换，用最传统的中国画颜料，如矿物质、天然土等，以土画土，试图用当代审美与观念探索当代东方精神，更是关于地学、天学、宇宙论、人文学研究的观念表达。

山河大地，朝夕美好。“红土大地”隐喻着中国共产党带领全国各族人民携手共同捍卫国家核心利益的坚定信念。

《赤壤三千》作品

《赤壤三千》作品场景图

《赤壤三千》局部

《赤壤三千》创作过程

与时偕行

谭平，油画，W1200cm × H400cm，2022 年

《与时偕行》作品

“凡益之道，与时偕行。”纵观人类文明发展史，生态兴则文明兴，生态衰则文明衰。我们要同筑生态文明之基，同走绿色发展之路。这一理念强调了人类活动与自然环境之间的和谐共处，旨在实现经济增长与生态保护的双赢局面。

作品在创作技法上采用丙烯颜料薄涂交叉叠加，运用印象派色彩风格，表现时间与空间交汇、色彩斑斓的时代特征。

作品以四序为引，通过自然的更替表达人与自然和谐共生的理念，尊重自然的固有价值，维护生态系统的完整性和稳定性。

《与时偕行》作品场景图

《与时偕行》局部

《与时偕行》创作过程

广州白云国际会议中心
配套工程艺术藏品

云山初晓

罗渊，中国画，W600cm×H800cm，2021 年

《云山初晓》作品

岭南文化，是开放包容、务实创新的文化，采中原之精粹，纳四海之新风，在中华大文化之林独树一帜。

作品以山水画的形式，表现了南粤锦绣河山欣欣向荣的气象。

为了表现出岭南文化恢宏壮阔的气势，作品采取俯瞰的构图方式，立足南粤山水，面向世界，视线从富庶的内陆经过连绵起伏的群山、蜿蜒流淌的江河，构成了一幅美丽的自然画卷。

画面还传达了对这片土地的热爱和赞美之情，让人们感受到南粤岭南地区的美丽与富饶，也激发了人们对这片土地的热爱和向往。

诗意珠江

广州画院（罗奇、刘晟），油画，W350cm × H200cm，2021 年

《诗意珠江》作品

创作主题为珠江两岸，天际如画。画面采用超宽幅、大纵深构图，描绘了广州珠江两岸的场景。

珠江江畔作为广州的一颗璀璨明珠，以其独特的魅力吸引着无数游客的目光。珠江江畔，微风拂过，高楼大厦耸立云端，与江水交相辉映，共同构成了一幅现代与自然和谐共生的美丽画卷。画面朦胧，油画色彩丰富，为这幅画卷增添了一抹亮丽的色彩。阳光透过云层，洒在波光粼粼的江面上，金光闪烁，似乎在诉说着古老而悠长的故事。创作者希望通过广州这个窗口，向世界展示广州新时代城市文明建设的勃勃生机。

云纳千山

王永，中国画，W1680cm × H600cm，2022 年

作品立足反映大山的本质与内涵，既有北方大山的气势，又有南方浓郁的绿韵。

作品是一幅以大美山水展现新时代气象的巨作，以山和云为主要元素，画面中用象征性的手法以绿水青山为载体表现大美江山。为了体现岭南特点，同时加入具有岭南地域特色的芭蕉、榕树、红棉等，使之成为南北兼容的、具有时代气息的、纯粹的艺术作品，展现了人们对美好生活的向往，赞美了祖国的自然之美、人文之韵和民族之魂。

《云纳千山》作品

岭南锦绣

周彦生，中国画，W360cm × H600cm，2023 年

作品以广东地区白紫荆花的蓝绿色为主色调，用以表达家人之间深厚的情感纽带，传递出阖家团圆、和睦相处的美好愿望。

在创作技法方面，以传统的中国花鸟画小写意为主。为了使画面有足够分量，加入石头和泉水，另外还加入几对颜色艳丽的水鸟，使画面色彩丰富而不单调，整体显得清雅高贵，画面更加典雅而隽丽。

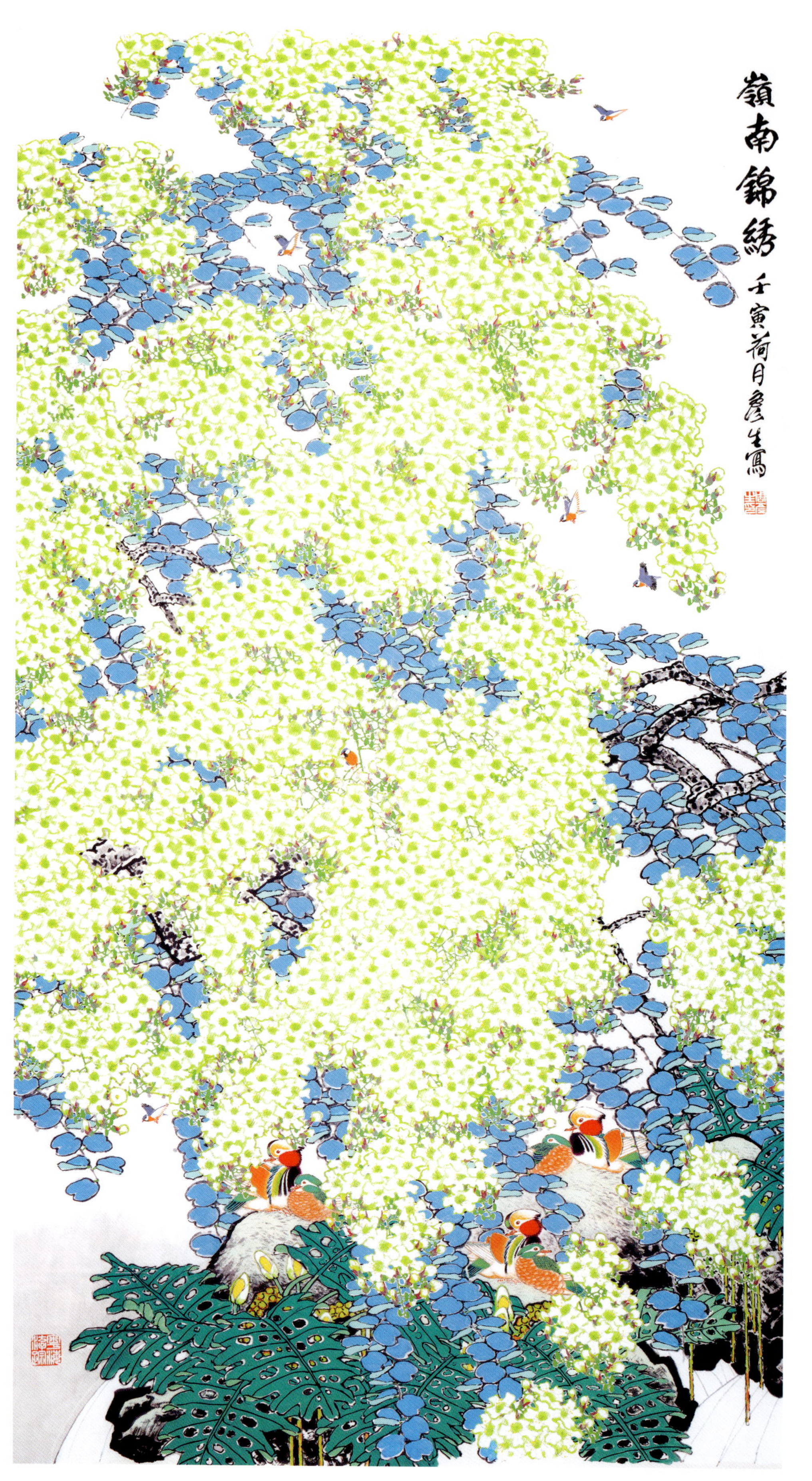

《岭南锦绣》作品

春山倚松图

车建全，油画，W240cm × H610cm，2023 年

作品以松风、远山与河流为主题，建构了一个充满诗意和灵韵的山水空间。追随自然，拓展画境，流露出对人生的独特感悟和对自然的敬畏。

和风吹动劲松，云气在山间流动，氤氲的岚气凸显松木的强劲，也展开远峰的伟岸，阐发面对流水的追远思绪和天地悠悠的不息生机，以及独步穹宇之间的畅想。

作品借用宋代山水画的高远视角，强调了山势的巍峨高耸和气势的磅礴，营造出一种崇高和庄严的美学效果，并结合油画丰富微妙的色彩层次，用写实与意象结合的绘画语言对意境进行描绘，是对中国传统诗画精神的转译。

《春山倚松图》作品

鸣泉清风

莫肇生，中国画，W470cm × H230cm，2023 年

以“鸣泉”为主题，从传统南粤岭南气质的山脉这一角度出发，强调序列、轴线、气势等岭南元素。

将清风贯穿于山间，运用国画艺术性地表达“春风吹灿红棉，云山眺尽羊城秀”的意境，描绘了一幅春意盎然、山水秀丽的画面。春风轻拂，红棉绽放，灿烂夺目，如同给大地披上了一层锦绣。远处的云山若隐若现，仿佛是天地间的画卷，展现出羊城的美丽风光。

《鸣泉清风》作品

云岭晴晖

黄唯理，中国画，W537cm×H170cm，2023 年

以中国画大写意的方式，呈现晨曦中广阔无垠山川之波澜壮阔气象。在笔墨运用上，画面中将笔法的纵逸和墨色的变化以形简意深的方式，表现山河壮阔的神韵。在构图上的万水千山、大气磅礴中，不仅有山体坚实浑厚的实体感和云雾流走飘洒的细润感，还有奇峰石壁、树木挺秀、山林丰茂、瀑泉清韵、江河奔流、帆船启航的细节描绘。

画中以山水画传统的笔墨表达程式为主，注入现代精神和现代审美元素，以博大雄浑为美学基调的风格透溢出时代的精神品格。

《云岭晴晖》作品

云山观海

张彦，中国画，W510cm × H180cm，2023 年

《云山观海》作品

将中国传统绘画中的水墨山水画形式与现代审美意识进行融合，力图将山水中的氤氲气象与诗的意境表达出来，采用了多种墨法，从泼墨、宿墨、积墨到枯墨等，使画面浑然一体。

单纯极致的灰色淡墨描绘出山川的宁静和瀑布流水之音，为观者带来一种精神上的洗礼。仁者乐山，智者乐水，这不仅揭示了人与自然之间的深厚联系，也展现了仁者与智者不同的精神风貌。仁者需要智慧的指引，以更好地实践仁爱；智者也需要仁爱的滋养，以使智慧更具人文关怀。它们在相互辉映中，共同构成了中国传统文化中独特的审美观念和精神追求。

榕荫岭南

张弘，中国画，W260cm × H120cm，2023 年

《榕荫岭南》作品

作品以最具岭南特色的古榕树为主要描绘对象。

采用兼工带写的表现手法，以水墨造型，气韵连贯地表现了古榕树根深叶茂、苍劲浑厚的奇特风貌。古朴而清新的画面晕染出岭南独有的氤氲氛围，呈现出一派圆融吉祥、庇荫众生的美好景象。榕树生命力旺盛，可独木成林，荫庇宽广。

自古以来，人们对榕树这一精神特质多有礼赞，作为岭南人的记忆，榕树更是承载了人们的情感寄托和文化寓意。因而，包容、荫庇也成了榕树的花语和文化寓意。

云山珠水

陈舒舒、林霖，岩彩壁画，弧长 526cm × H675cm × 4，2022 年

《云山珠水》作品（一）

《云山珠水》作品（二）

第一部分：吾粤水国

画面用“扒龙船”来展现广州水资源的丰富和民众热爱生活、勇于拼搏、迎难而上的奋斗精神。

第二部分：古迹流芳

画面选用了碉楼、客家围屋及牌坊街等具有代表性的岭南民居来体现岭南人文文化的开放、兼容、创新等特点。

壁画按照“吾粤水国”“古迹流芳”“羊城美景”“南国商都”四大主题进行创作，分别从历史文化、建筑人文、生态环境、商业文明四大方向演绎岭南地方特色与其独有的多元、务实、开放、兼容、创新等特点，采中原之精粹，纳四海之新风。壁画的构图和结构采用俯览的视角，便于宏观地放眼岭南这片温润的土地。采用白云、珠江、绿色大地三种主要元素，结合岭南地区有代表性的民俗文化、历史建筑等造型元素贯穿四幅画面，再由四幅独立画面组合构成一幅完整的壁画，以此展现岭南地区深厚的历史文化底蕴和丰富独特的地域文化。

《云山珠水》作品（三）

《云山珠水》作品（四）

第三部分：羊城美景

画面内容主要刻画了陈家祠的全貌及镇海楼。陈家祠是集岭南历代建筑艺术之大成的典型代表，以此展现羊城深厚的历史文化底蕴和丰富独特的地域文化。

第四部分：南国商都

商船云集，往来穿梭，这种繁忙的江面景象是广州作为对外交往的重要通商口岸的标志性画面。南海神庙是我国古代海神庙中惟一遗存下来的最完整、规模最大的建筑群，也是西汉以来海上丝绸之路发源于广州的重要见证。

花城春酣

郑阿湃，中国画，W90cm × H180cm，2023 年

作品的创作灵感来源于清代诗人屈大均在《南海神祠古木棉花歌》中写道的“十丈珊瑚是木棉，花开红比朝霞鲜，天南树树皆烽火，不及攀枝花可怜。”

作品取材于广州的木棉花，广州每逢二、三月天，千树万树花株盛开，像熊熊燃烧的火炬，有一种大气磅礴之美。被称为“英雄树”的南方木棉树，具有挺拔伟岸的丰姿和烈火燃烧般盛开的花朵。所以，广州人把木棉花尊称为市花。

作品试图以线条的粗犷展现木棉花与生俱来的英气，在表现技法上，采用岭南画派常用的双钩填色，目的是要达到“南中春色别，满城都是木棉花”的感觉。

《花城春酣》作品

岭南春晓

方楚乔，中国画，W210cm×H120cm，2023年

《岭南春晓》作品

作品以岭南春晓为创作主题，选取岭南三月，春花竞发，红棉争艳，一派春意盎然。百鸟争鸣，嘤嘤成韵，春云低拂，水天一色。

画面从构图、笔墨技法到色彩尽量单纯，用榕树、木棉、竹子来表现岭南特色，远景的远山和云烟表现出春天的气息。

岭南因其得天独厚的地理环境，古往今来都是适宜诗意栖居的地方，具有丰厚的人文自然风光，绵延云端的山脉是岭南人文精神的显现。

南国朝晖

梁如洁，中国画，W120cm × H160cm，2023 年

梅关古道两峰相峙，虎踞梅岭，古道两旁长满千姿百态的老梅树。古往今来文人墨客前来观景赏梅，咏诗作赋，刻碑挥毫，可谓是一路梅花一路诗。南国不知冬，雄关高峰中的老梅树在寒冬中依然顽强竞放。

画笔下，梅岭山巅上的梅树在寒冬晨曦朝晖的照耀下，绽放朵朵白梅，穿梭在山巅梅枝上的鸟儿声声鸣叫。远山薄雾低，雪花闪烁着金光，飞鸟双双掠过，预示着南国春天就要来了。

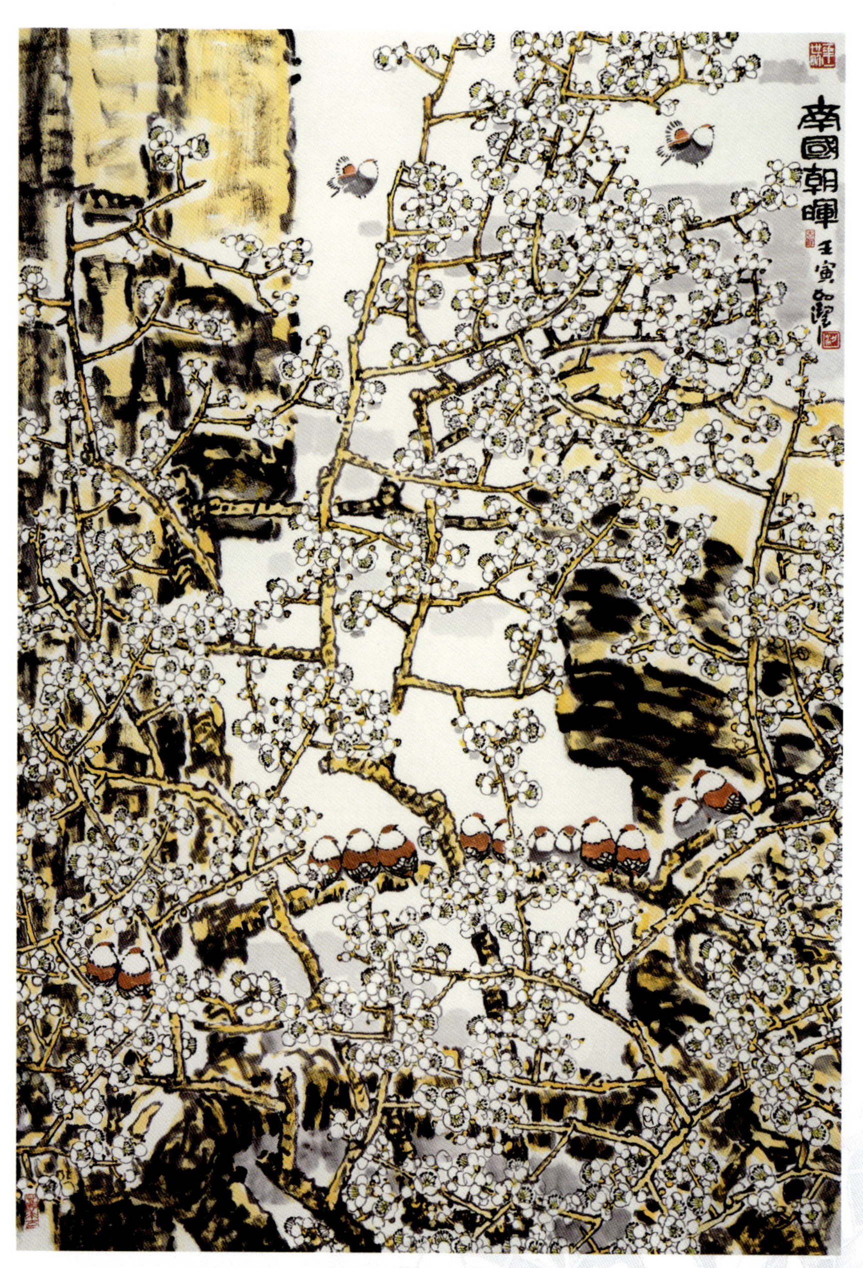

《南国朝晖》作品

花间蝶

万小宁，中国画，W115cm×H160cm，2023年

《花间蝶》作品

作品取材于白云山下云台花园里的岭南花卉——醉蝶花。

云台花园不仅承载着广州人的历史记忆和文化情感，园内还摆放着来自世界各地的市礼和友谊之树。这些礼物既见证了广州与世界各地城市的友好交往，更体现了广州人开放包容、友善好客的精神风貌。

画面中三支醉蝶花向上生长，错落有致。每当醉蝶花盛开时，蝴蝶就会成群结伴而来，围着醉蝶花翩翩起舞，形成一幅花与蝶互动的美丽动人画面。

绿韵清音

刘瑗，中国画，W76cm×H76cm，2023 年

《绿韵清音》作品

创作灵感来自岭南四季青绿、草木葳蕤。作品以秋季常见的“纺织娘”点题，以虫鸣为景，选取岭南特色花卉姜花为代表。

画面所描绘的岭南之秋，是一个充满生机、活力与收获的季节。画面中的绿意盈盈、清香满溢、草虫鸣奏唱和，展现出别样的生机与韵味，共同构成了一幅五彩斑斓的自然景观。作品不仅表现出岭南朴实温润的独特气息，还让人感受到岭南是一片宁静祥和之地。

荷塘

肖进，中国画，W76cm×H76cm，2023 年

《荷塘》作品

以岭南夏天的荷塘景观为主题，画面用色清新淡雅，洁白无瑕的荷花半开半含，在夏日雨后的清晨，若隐若现，亭亭玉立，尽显一丝丝凉意。

作品鼓励人们在生活中应该像荷花一样，无论在何种环境中，都要保持自己的独立和自主，不受外界负面因素的影响，追求真正的自我和美好。

《风雅青山》作品

《幽花渡水乡》作品

风雅青山

张东，中国画，W130cm×H130cm，2023 年

作品采用传统的青绿山水画技法，突出山水画的雄浑壮丽气象。

画面运用传统的高远透视布局方法，强化山的刚毅气质，其中加入水流的动态，增加了变化的旋律感，动静结合，将松林与山体构成连贯的节奏气息，使画面一气呵成、磅礴大气。

幽花渡水乡

陈钠，中国画，W130cm×H130cm，2023 年

创作取自岭南最具历史意义的人文景观——梅关古道。

作品在创作中，以中国绘画的写意手法，注重体现传统的笔墨审美和意境的提炼，以写意、概括、轻松的画面语言表现梅关古道，承载着历史、人文、思想的厚度，让梅关古道的历史价值和文化价值更好地发扬和传承。

星河欲转千帆舞

齐喆，壁画，W286cm×H156cm，2023年

《星河欲转千帆舞》作品

作品描绘了无垠的海边水天相接，晨雾云涛，站在这无垠的海边，感受着水天相接的壮阔，仿佛可以忘却尘世的烦恼。星河转动，像天空中舞动着无数的风帆。

在工艺上采用高温水晶玻璃马赛克镶嵌工艺完成，镶嵌效果呈现出美观、整齐且耐久的特点。这是一种古老且耐久的装饰艺术形式，水晶玻璃马赛克具有丰富的色彩、质感和量感，以及镶嵌工艺产生的形、色、光的效果，可以使壁画显得既精雅浑厚、又色彩斑斓。

南国古韵

付智明，油画，W590cm×H76cm，2023年

创作灵感来自岭南得天独厚的地理环境，古往今来都是适宜诗意栖居的地方。这里有丰厚的人文自然风光，绵延云端的山脉是岭南人文精神的显现。

作品将山水结合，笔触和谐细腻，仿佛山水孕育生命一般温柔娴静，给人美的感受。

云山隐隐群峰起

刘可，油画，W240cm×H140cm，2023 年

《云山隐隐群峰起》作品

以云海与山峰为主题，选材岭南地区温润、辽阔的人文自然风光，在群峰与云海之间体现岭南人文精神中宽厚、包容、敢为天下先的历史特质。

云层和山峰交相辉映，营造出宁静而深远的氛围。构图中似乎有风流动，可以感受到大自然的呼吸与脉动，使得整个画面更加饱满生动，让人心旷神怡、流连忘返。作品既表现了岭南地区独特的风景特色，同时也体现了改革开放四十多年磅礴发展的宏伟气象。

《南国古韵》作品

蛟龙争渡

陈克，雕塑，300cm×30cm×H30cm，2023年

作品以呈现“南国精神，岭南韵味”为宗旨，提炼出具有代表性的地域文化载体“划龙舟”，借以体现凝心聚力、众志成城的南国精神，云山珠水间，岭南人踔厉奋发，笃行不怠。与此同时，融入非物质文化遗产潮州雕刻的技艺特色，精致毓秀，更赋地域特色与艺术灵韵，通过不锈钢铸造工艺，抛光打磨出轻盈通透之感，与新中式的理念相结合。作品饱含了对优秀历史文化的传承与敬意，同时也是时代与精神淬合而成——南粤嘹亮之歌。遥看只见云山缭雾与珠水浪涛，细看则展现龙舟人齐心协力，鼓乐喧天。

《蛟龙争渡》作品

南国明珠

张民辉，骨雕，69cm × 18cm × H30cm，2023 年

采用牛骨材质，以象牙尖的造型为结构，娴熟地运用了镂雕、镶嵌等广式牙雕技巧，将中山纪念堂、广州塔、五羊石像、五层楼等广州标志性建筑，巧妙地融入郁郁葱葱、花团锦簇的岭南花草树木之中。羊城景色皆浓缩于其中，每一个时代的“羊城八景”都是对当时广州最具代表性的自然人文景观的提炼概括，它们记录了城市的发展轨迹，也反映了不同时期的社会风貌和审美观念。在聚散有致、玲珑剔透的视觉效果中，展示了羊城的古往今来。

《南国明珠》作品

国色天香、三江聚墨海

张春雷，端砚，W34cm × H23cm × 2，2023 年

《国色天香》作品

《国色天香》雕刻的是被誉为国色天香的花中之王黑牡丹，雍容华贵，是和平幸福、繁荣、富足的象征。创作者巧用端石黑中带紫的自然色调，采用高浮雕、通雕、圆雕等高难度技艺，以匠心精雕细琢，将牡丹的正面、侧面、花苞、花蕾、花瓣、怒放等姿态，刻画得惟妙惟肖。配上祥云环绕和喜鹊戏闹，使构图静中有动，更加活泼。特别是两只天然石眼点缀其间，如钻石般为画面点金添彩。此作品选用麻子坑石，天工人工，相得益彰，乃砚中之珍品。

《三江聚墨海》正面有三条并列直通砚堂的凹槽（象征三条江河），是放置毛笔的位置。砚堂下方是大海波涛和浪花，上方是祥云、海鸥，紧靠大海是崇山峻岭、亭阁、小桥、瀑布、树木等。

《三江聚墨海》作品

锦上添花

谭广辉，广彩瓷瓶，Φ330×H50cm，2023年

《锦上添花》作品

瓷瓶的器形设计为天球瓶，是用红、黄、紫、粉、白、蓝、绿等色彩绘制各种花卉纹，外底施松石绿釉，绘百花图案的瓷器，为宫中寻常赏花之用，象征着“万花献瑞”。“百花图”以牡丹为主，辅以荷花、牵牛花、桂花、兰花、月季等，百花怒放，各尽其妍，花团锦簇，五彩缤纷，色彩斑斓，令人目不暇接。因花卉繁密，满布器身，以纯黄金绘制底，看不到底釉，故称为“百花不露底”，又有“万花堆”“锦上添花”的美称。

金地彩蝶

周承杰，广彩瓷盘，直径 30cm，2023 年

《金地彩蝶》作品

作品为广彩瓷盘，其制作工艺相对复杂，以白瓷为胎，用广州特制的彩料在瓷器上绘画，再经低温烘烤而成。作品以蝴蝶和广彩传统技法挞花头的牡丹花为主体，牡丹花寓意富贵、美丽。唯有牡丹真国色，花开时节动京城。素有“花中之王”美称的牡丹花，色泽艳丽，玉笑珠香，风流潇洒，富丽堂皇，牡丹花大而香，故又有“国色天香”之称。“蝶”与“叠”同音，寓意福气叠来。荔枝、苹果、石榴、辣椒寓意多福、多寿、多子，日子红红火火。全盘以金釉烘托出一派金碧闪耀、富丽堂皇的景象。

附录

感言

黄维纲

越秀集团广州市城市建设开发有限公司副总经理
广州裕城房地产开发有限公司总经理

广州白云国际会议中心国际会堂及配套项目的建成，完美实现了大湾区“城市会客厅”的功能定位，得到了社会认可、权威认可、省和市的认可。值得一提的是此次的艺术品管理实施，是越秀集团首次将艺术品专项工作系统策划并组织实施的一次历史性突破。

“好产品成就美好生活”是越秀集团一贯的追求和传承。建筑设计、室内设计及艺术品设计的有机融合，让艺术走进民众的日常生活，使之成为功能性的用品与传播文化的途径，是我们作为项目建设者的新尝试。我们团队汲取了过往同类项目的优点，通过不断地咨询、调研、思考，摸索，在既有困难的情况下，依靠本地艺术院校机构，会同室内及艺术品设计单位，发动国内艺术大家、美协、画院等参与艺术品创作，得到了广大艺术家的大力支持与配合。结合广州“千年商都”历史内涵，深入挖掘了中国文化、岭南元素，精心研究策划多个艺术品主题。期间，还多次走访文史类顾问专家，与艺术家沟通创作方向，保障作品完美体现中国故事、广东故事、广州故事，深化项目建设的故事性、文化性、独创性和延续性，提升了项目后续的社会影响力。

此次“越秀模式”的艺术品管理，催生了一大批新时代大作，积累了一大批艺术创作珍品和文化财富，以精品力作展现岭南山水人文之美，传达南粤新时代精神，赋予文化传承意义。

郭秀瑾

越秀集团广州裕城房地产开发有限公司总经理助理
国家一级注册建筑师

广州白云国际会议中心国际会堂及配套项目先后于 2022 年初至 2023 年陆续落成并投入使用，由国内知名艺术家们倾力创作的一批艺术作品，陈设于项目内的主要空间。作品大气磅礴、立意高远，反映了浓郁的岭南地方特色的同时，表达了粤港澳大湾区的蓬勃发展，展现了开放包容的胸怀，受到各界民众的喜爱，也为建筑增光添彩。

作为首次接触艺术品工程的越秀管理团队，初期对于艺术领域的认知有限，建设期间有幸得到各方的支持与不懈努力，结合空间主题，不断探讨建筑空间中艺术品的规划、创作与展示方法，对艺术品的策划与管理工作模式进行探索。艺术品的门类众多，且国际会堂空间宏大而复杂，经过多次的方案讨论、修改、重塑、完善，从而形成对空间概念的理解，确定了艺术品管理工作的原则。

团队立足于将艺术品列为项目空间展现的重要部分，艺术品以极高的专业水准表现，其带来的故事、色彩等多种文化元素与空间高度契合，激活了建筑空间的活力，使艺术品成为功能性的用品与传播文化的途径，最终实现艺术与空间设计结合，使设计有灵魂，让空间有温度。

常常看到人们在艺术作品下驻足停留，专注程度令人动容。我们深切感受到美好的作品使人与空间环境产生互动，引发讨论的话题，进而影响人们的生活态度，给人们带来更多的快乐和满足，也感染了所在的建筑环境。

广州美术学院

中华人民共和国教育部批准的具有高等学历教育招生资格的公办普通高等学校，由广东省教育厅主管，为华南地区包括粤港澳大湾区在内唯一一所独立建制的高等美术学府

党的十八大以来，习近平总书记多次强调“绿水青山就是金山银山”理念，如何围绕党和国家的路线方针政策和重大战略部署，用艺术来体现绿水青山的现实成效，这是我们广州美术学院创作团队（李劲堃、莫菲、黄涛、林杨杰）的核心主题之一。

在《绿水青山》的创作过程中，我们想以全景式构图表现新时代中国山河壮丽、人民豪迈的气概，力求在多层次的绿色画面中，呈现岭南风貌，达到既厚重又通透的视觉效果，传递新时代岭南文化，展现南粤地域特色。绘画技法上，采用多层次的绿色叠加和融合，以矿物色和金属色的和谐搭配，丰富的色彩和绘画技法的密切结合，展现南方山水四季皆生机盎然、葱郁深邃的自然形态，鲜明地呈现出绿水青山层峦叠嶂的视觉效果，体现出岭南山水画的雄浑气韵和鲜明风格。

国际会堂地处广州传统中轴线和白云山西麓交会处，是天然的云山、珠水、山与城相依的展示场地。画作《绿水青山》高 6.54 米，宽 21.55 米，尺幅巨大，展呈在国际会堂合影厅，契合着白云山景中云山叠影的地理效果，让观众能够充分体验到身临其境的感觉，画作的内容、形式与展示环境和谐统一、相得益彰，真实地再现大自然的壮阔景象，特别显现出南岭大地枝繁叶茂的绿色特性，山林浓绿、云雾洁净处显得生机勃勃，坐落其中的建筑空间与画作相映成趣，亦是我们团队对岭南巨幅山水画创作新探索的成果展现。

李劲堃

广东省文学艺术界联合会主席
岭南画派纪念馆馆长
广州美术学院博士生导师
历任中国美术家协会副主席
广东省美术家协会主席
广州美术学院院长、广东画院院长

1925 年，毛泽东主席踏足湖南长沙橘子洲，身处中国壮美的山川秋色之中，创作了《沁园春 · 长沙》这首气壮山河的诗歌，流露出他对祖国充满热爱和希望的心声。我深受毛主席诗中“万山红遍，层林尽染”的启发，为国际会堂这一重要场所创作了画作《万山红遍》。

作品采用全景式构图，画面气氛壮丽雄浑、山峦重叠、起伏不断。为了传达“万山”之势，从前景的主峰开始，层层递进、峰峦错落，交织出层次分明、恢宏浑厚的气韵。同时，通过“高远”的手法，将山石、水流、云雾和千百层树木，自画作的左下角向右上角延伸，展现出天高云淡、绵延不断的壮丽景象，溪流奔流，气象万千。

在技法上，积色积墨，层层积染，色墨融合充满意趣。通过偏红色的暖色与墨色的精巧搭配，以既雄浑又冲淡的审美观念，赋予整个作品极其热烈的色彩感受。这种色与墨的精妙交融，使画面充满生机，呈现出金秋似火的画面氛围。丰富的颜色叠加而成的痕迹与剔透温润的积墨相互融合，使山脉厚重，树林丰茂。

在世界经济文化全球化不断推进的背景下，各国文化交流日益频繁，国际会堂作为广东省重要的公共交往平台，是传播中国理念、讲好中国故事的重要场所。《万山红遍》展现了中国新时代江山秀丽、人民豪迈的情怀，体现了毛主席诗词“万山红遍，层林尽染”的意境，表达了中国理念、中国审美、中国气魄传播四方、喜迎天下朋友的内涵。

李翔

中国美术家协会副主席
第十二、十三届全国政协委员
原解放军艺术学院美术系主任、教授

这幅《碧海长虹》尺幅巨大，大幅作品的创作更强调整体性远视效果和大画整体看势，视觉路线图讲究舒服顺畅，坚决不能花、碎、乱。近处观看细节和笔墨，往往体现个人修为，这些都藏在细节及局部。这次《碧海长虹》创作的顺利完成，是因此前我曾带领学生创作出四张港珠澳大桥题材作品，六年多时间创作同一题材作品，积累了很多经验，避免了很多弯路，所以这次创作才能一气呵成，顺理成章。我想，艺术家就应该用十年磨一剑的精神去创作一幅作品，努力创作出历史上留得住的作品。

许钦松

国家一级美术师
全国政协委员，博士生导师
原中国美术家协会副主席
广东画院院长

《翠峰春泉》是我 2022 年创作的作品，在画面构图上，以我一贯的创作手法“环视法”进行展开，除平视、远视之外，更能俯瞰山峰，令观者能够在不同角度、不同侧面进行“行走”，这是对中国传统山水画所讲究的“可游可居”的保留。在意象描绘上，结合南方树木的特点，春天已经呈现出十分茂密的景象，同时为增加画面的呼吸感，我通过在墨色本身变化的无限色彩的基础上，赋以其他颜色来衬托墨象的简淡。我认为，这在描绘当代景观中，能够使画面显得更为和谐。绘制此画作，意在记录南粤地区的春景，也是传递我对大自然的向往与追求。翠峰与春泉、满山遍野的绿色与潺潺流动的泉水更预示着无限的生机。

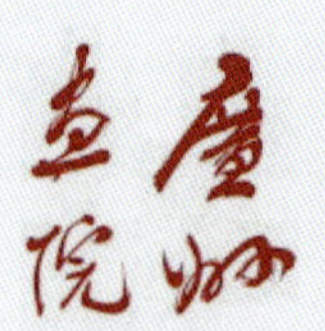

广州画院

市文化局领导的从事美术创作、研究的文化事业单位

非常感谢越秀集团的邀请，广州画院很荣幸能为这次重要的项目贡献力量。作为艺术品的创作者，我们深感责任重大，因为我们知道我们的作品将成为广州这座伟大城市的一部分，代表着这座城市的文化和精神。

作品《粤韵华章》融合在奔腾开阔的珠江和云海缭绕的岭南山脉之间，艺术地展现了粤港澳大湾区蓬勃发展和广东生态文明建设的繁荣景象，以及人与自然和谐共生的美好图景，表达了我们心目中牢牢树立的“绿水青山就是金山银山”的发展理念。

创作过程更是一场富有挑战性和创造性的旅程。我们深入研究了南粤文化的历史、传统和艺术形式，力求通过我们的作品展现出南粤风情的深厚底蕴和独特魅力。我们希望这件艺术品能够唤起人们对南粤文化的热爱和尊重，同时也能够向世界展示广州这座具有丰富文化内涵和创造力的城市。

在创作过程中，我们得到了越秀集团、各位专家及艺术咨询单位的大力支持和帮助，这使得我们能够在最佳条件下完成这件作品。再此感谢所有给予我们支持和帮助的人，他们的支持和鼓励是我们创作过程中不可或缺的力量。

王新元

中国首届传统工艺【大国非遗工匠】
国家级非物质文化遗产广绣市级代表性传承人
广东省工艺美术大师

《行云流水醉秋山》是岭南画派关山月先生的精品力作之一，作为广绣非物质文化遗产传承人，为了用广绣技法更好地还原关老画作，越秀集团联系了原作收藏机构关山月美术馆，我们近距离欣赏了关老先生作品的真迹，无比震撼，这使我的创作更具灵感。

原作雄健恣肆的笔墨和酣畅淋漓的色彩极具特色，尤其是作品的水墨厚重感，绣制难度极大。为使广绣绣制出国画的水墨笔触，我在传统的广绣针法上创新融合了四大名绣的工艺手法，对山水画进行了重新诠释。既突出笔致的力度，亦凸显墨色的动感。

绣制配色也是一大难点，考虑到单一的颜色无法呈现出立体的山水效果，我们配置的颜色多达 3900 种，通过层层叠加的针法和自己对艺术作品的理解，巧妙地把国画的浓与淡融入绣布，绣制出水墨渲染的层次感，最终成品呈现出波澜壮阔、气势磅礴的艺术效果。

这次广绣与中国传统国画的碰撞、融合，使广绣作品更具艺术感染力。这种创新尝试，是对传统广绣的一次有益探索和发展尝试，让世界感受中国文化的独特魅力。

广东画院

创建于 1959 年，是全国第一所集国画、油画、版画于一体的综合性画院

《百花齐放》画面中央是盛开的牡丹花，周围环绕着各省省花、自治区区花、直辖市市花以及港澳台代表花卉，形成了一幅百花齐放、万紫千红的美丽景象，象征着中国的繁荣昌盛和人民的幸福生活。在创作过程中，主要采用了撞水撞粉技法，使画面呈现出一种水墨交融的效果，层次变化丰富，既有可控之处，又有不可控之美，充分展现了中国花卉的独特韵味与丰富内涵。在细节处理方面，尤其注重表现各种花卉的形态特征和色彩变化，使画面呈现万紫千红的美景，增强了画面的艺术感染力，展现了祖国大地花团锦簇、郁郁葱葱、充满生机与活力的景象，同时也寓意着祖国各地的繁荣昌盛，各族人民团结一心，共同为祖国的美好未来而努力。

汪晓曙

中国美术家协会连环画艺委会副主任
粤港澳大湾区美术家联盟主席
广州市文学艺术界联合会副主席

把自己认为最美的山峦、溪流、树木与繁花展现在欣赏者的面前，便同时也把这种美留在了自己的心田；把内心深爱的乡风、乡情和岭南文化用自己的画笔传递给了观众，自己便也拥有了与爱结伴同行的情怀！同样，以春天为媒，以羊城为题，大型中国山水画《羊城千载春悠悠》的创作实践，其实也是我们热爱生活、向往大自然、弘扬传统文化的一种表现，并在精神境界上的一种升华。

罗奇

广州艺术博物院（广州美术馆）院长
广东省美术家协会副主席
广州美术学院硕士生导师

作品《海丝映粤》陈列在国际会堂一层贵宾厅，它不仅是一件视觉艺术品，更是一种文化交流，它与贵宾厅的设计和使用目的相辅相成，共同构成了一个富有文化深意的接待空间。在构思方面，作品表现了可能来自世界不同角落船只的融合，是一种文化交流的象征，代表着不同国家和文化之间的对话，它所代表的文化开放性与国际会堂接待贵宾的功能形成了共鸣。

在构图方面，《海丝映粤》通过写实艺术手法捕捉了一个历史重要时刻，巧妙地通过留白技巧模糊时代和人物，营造出宁静和谐的视觉氛围。它以广州港口繁荣的对外贸易为背景，通过动态的船只、人物、建筑布局和空间深度，展现动与静的平衡。画面焦点在港口的货物搬运，左侧哥德堡号船的缓慢离去与右侧繁忙的码头形成对比，增强节奏感和视觉冲击力，背景细节描绘了当时的建筑和交易场所，而出海口上密集的船只成为独特的视觉焦点，赋予作品观赏价值和深度。

在空间布局方面，将一些船只的位置和方向设计指向港口，通过船帆的线条引导观众的视线，天空中的云彩和光线也在指引着视线向远处延伸，这不仅增加了画面的深度感，也增强了作品的空间感。其广阔的视角，有助于在视觉上扩展空间感，使得空间更加舒适和宜人。在色彩方面，色彩的使用是这幅画中最为显著的特点之一。港口的建筑和人物则采用了更为丰富和明亮的色彩，暖色调的光线和海面的金色光芒给整个场景增添了温暖和生命力，为高端的贵宾厅增添了一种文化氛围，有助于营造一种平和的氛围，使人们更容易进入一种平静和开放的交流状态。

《海丝映粤》这幅作品在视觉上与会堂内的空间相得益彰，同时在文化层面上传递着深远的意义。它不仅是一幅经典的艺术作品，更是一个文化窗口，让每一个进入这个空间的人都能感受到中国开放的国际视野。这样的文化表达方式，无疑增强了国际会堂作为一个外交场合的文化氛围，展示了中国作为世界大国的文化自信和开放态度。

张路江

中央美术学院教授、博士生导师

我的这幅油画作品《江风海韵》，通过写实的手法、抒情的笔调、柔和的色彩，描绘了清晨阳光即将从南海启幕的瞬间：高耸的灯塔、上升的云团、舒朗的海浪、涌涨的潮水、湿润的空气，构成了一幅南中国海博大深远的空间。以此意象展现广东作为中国经济最大联合体战略重地海纳百川的胸怀和在新时代发展征途上呈现出的创新气质，表现了风情满满、万种朝气的时代精神画卷。

丘挺

中央美术学院博士生导师
中国画学院院长

我的这幅作品《国韵山河》描绘了太行山壮丽而恢宏的气象，画中山势起伏雄峻，岩壁高耸，营造出一种山不厌高的气势。在悬崖峭壁上顽强生长着不屈不挠的奇松古木，画面的前景山径岖崎，偃松如虬龙出海，欲附云汉。中景依崖而成林者，爽气重荣，迥出云表。苍松、云海与山川相辉映，画面以高远为主，群山巍峨峻拔，山川相缪，壁立千仞，与云海虚实相间，形成高远、幽远、深远相生相成的景象，体现了中华民族的壮阔河山。

画作主要用破墨法、积墨法，辅以淡墨层层烘染，青绿设色，并用大量的石青、石绿等矿物质颜色泼彩，又以朱砂、胭脂表现山花春世界的祥和境象。画作采用特制红星宣纸，并由苏州姜思序定制的颜料绘制而成。

岳黔山

中央美术学院教授、博士生导师

这幅中国画《江山雄秀》历经四个月创作完成，从小稿设计到题材收集，都得到了评审专家们的建议与指导。尤其是对画面色调的调整，就采纳了专家建议，为了与油画《万里同风》的蓝色调和《国韵山河》较多的淡墨色调在一个空间里更加协调，则将原方案的暖色调变成了传统的青绿山水色调，使用纯天然的植物和矿物颜料。

为了加强整幅作品的深度空间，我将前景的松树画大，以此增强画面结构的支撑力与画面的饱满性。在技法上，主要使用了写意山水画的笔墨技法与传统青绿山水的染色技法、泼墨山水与勾线的山水相结合的技法、传统染色与现代泼墨相结合的技法。此外，对天空景色的刻画突破了中国传统描写天空的留白方式，吸收了一些西画处理天空的表现手法。

《江山雄秀》在传统创作基础上融入了现代审美意识，使作品具有当代性和现代感，无疑是对传统山水画的一次创造性继承和创新性发展。同时其创作无时无刻不体现出中国气派与大国气象。

方楚雄

广州美术学院二级教授
中国国家画院研究员
广东省中国画学会副会长

2022 年，我应邀为广州白云国际会议中心国际堂创作巨幅中国画《根深叶茂》。作品选择以古榕、芭蕉、孔雀为主要创作题材。

榕树“枝繁叶茂，苍劲挺拔，荫泽后人，造福一方。”它扎根深土，破土而出，盘根错节，傲首云天，无畏寒暑，四季常青。它浓荫蔽日，为生活在岭南这片热土的人们撑起一片阴凉和安宁，岭南人对榕树亦有着特殊的感情。本幅作品以苍老硕大的榕树主干、独木成林的榕树气根和繁茂的枝叶占据最主要画面，用厚重苍劲的笔墨勾勒出榕树那“海纳百川，有容乃大”的气魄，以此呈现岁月的沧桑和自然界的博大，给观者带来视觉上的强烈震撼。

在榕荫的庇护下，配以鲜嫩的芭蕉及其硕果，让观众在视觉上产生强烈的对比，在感情上使岭南风情跃然纸上。在此基础上，作品又引入了吉祥之鸟——孔雀，使平实朴素的画面增添了一丝雍容华贵与祥和之气。孔雀采取精勾细染，宝蓝色的头颈、翠绿点金的长尾，华贵而不艳俗。整幅作品刻画了四只孔雀，其中一只雌孔雀从画面左上方向内而飞，将宁静的画面赋予动感，这既活跃了画面又引入了画外更广阔的空间。

要而言之，《根深叶茂》这幅作品具有“大自然与人类和谐共生，祖国繁荣昌盛，世界和平”之意，亦是艺术创作者以赤子之心对生命的讴歌和礼赞。

林蓝

广州美术学院党委书记
中国美术家协会副主席
广东省美术家协会主席

《吉祥岭南》以岭南地域特有的花、果为主题，展现了广东地区独特的自然特点和丰富的文化底蕴。作品在内容上选取了广东代表性植物入画，即春季开花的木棉花、鸡蛋花，夏季结果的荔枝、香蕉。这些植物在广东大地上生长繁茂，花枝招展，果实累累，象征着欣欣向荣的精神风貌，寓意着吉祥如意的美好愿景。

在形式上，《吉祥岭南》通过对岭南传统的撞水撞粉技法进行现代化的明丽转译，使画面更具时代感。在创作中，通过简练有力的笔触，勾勒出花、果的轮廓，造型明快丰满，进一步突出岭南花果的地域特点。同时，运用金底浓墨重彩的手法，将大红橙红、淡绿墨绿的色彩渐错地运用在画面中，形成了一种简练、突出、有力的视觉效果。画面质朴而堂皇，造型明快丰满，挺拔向上。作品既保留了传统岭南的韵味，又注入了现代审美气息，使画面更加生动活泼。让观众在欣赏画作的时候，不仅能领略岭南地区的风物之美，感受艺术魅力，更能激发对美好生活的向往和追求。

陆光正

亚太地区手工艺大师
中国工艺美术大师
国家级非物质文化遗产东阳木雕代表性传承人

《花盛云祥 · 大美中国》作品于 2022 年创作完成。能为广州白云国际会堂创作这组木雕作品，我感到十分荣幸和高兴。作品创作周期一年，从接受任务开始，越秀集团就组织了专家、学者、艺术家们对作品从创意、题材、设计、雕刻等方面给予指导，提供了极为宝贵的意见和建议，还多次召开研讨评审会，进一步对作品内涵、技艺提升等提供帮助。作品创作过程中，越秀集团专班、广州美院艺术咨询单位等专家还专程赴东阳指导。作品之所以能够成功展现，凝聚了以上各位专家、艺术家的集体智慧，展现了东阳木雕、潮州木雕的融合技艺，在此向给予作品支持和参与研讨创作的专家、艺术家们表示衷心感谢。

作品选取中国极具代表性和广泛影响力的二十四景为主要表现内容，规模宏大，以典雅古朴又浑厚华滋的气质烘托全场，创下了当代木雕组合作品的面积之最。

《花盛云祥 · 大美中国》表现新时代的中国花开四季，生机勃勃，祖国大地气象万千；代表着以传统文化凝结的花语问候四海宾朋，致以热烈的欢迎、吉祥的祝福；表达的是中国优秀传统文化根深叶茂，与时俱进的传承力量。

作品每幅宽 1.6 米，高 8.9 米，厚 10 厘米，以浮雕立屏形式表现。创作既要考虑物象组合、长形构图的透视，还要考虑上中下画面的衔接、层次及前后关系。24 幅作品中皆有花卉点缀，在作品中的作用举足轻重。我特别邀请了潮州木雕大师共同参与作品创作。潮州木雕善于镂空雕刻和贴金工艺，以潮州木雕之长雕刻花卉及局部贴金，使作品大为增色。作品是东阳木雕与潮州木雕两大国家级非遗技艺的一次完美融合，创新性地拓展了建筑空间木雕艺术的功能、应用和表现力。

2023 年底，我去广州参观了落成后的广州白云国际会堂，场馆里陈列着许多名家力作，这些艺术品展现了当代中国之精彩，笔墨满含深情，立意高远深刻，观之令人振奋。祝贺广州白云国际会堂华美落成；感谢越秀集团对每一件作品的辛苦付出；我为国际会堂独具匠心的艺术展陈所散发的文化魅力而喝彩！

马路

中国油画学会副会长
中央美术学院教授、博士生导师

我这次创作的作品《共建家园》是由两幅作品组合而成，每幅作品高6.1米，宽3.8米。每幅作品都是由6块小作品拼合而成的，但其拼合方式有所不同，一种是左右对称式，一种是错落有序式，整体来看却还是长方形的样式。实际上，本作品要的就是这种组合关系，每幅小作品就像是一个国家，既有国与国之间的交流关系，又有互补的融合关系，像是一个大家族。从整体上来讲，不仅要在作品中看到统一也要看到变化，这是结构布局的一个必然现象。这种对称和错乱的拼合结构，可以使画面之间既可看作一个整体，又各自独立，以此诠释共建家园的创作主题，每个人都应该参与到家园的规划、管理和发展中去。在画面色彩上，选用蓝色、绿色为主色调，在广东地区这样炎热的地方，当人们走进会堂看见此作品时，会有一股清凉的感觉。此外，这种蓝色象征着“天”，绿色象征着“地”，一天一地即辽阔无际，海纳百川，以此构成一个主题“共建家园”。

王绍强

广东美术馆馆长
中国艺术研究院教授
博士生导师
广东美术家协会副主席

中国画《赤壤三千》的创作主题取自《翔龙篇赠伯襄上春官》中的“春耕赤土三千里”。三千里的赤土大地，山河源流。以“红土大地”隐喻着中国共产党带领全国各族人民携手共同捍卫国家核心利益的坚定信念。

作品以古法铺垫，同时介入当代构成主义的方法论。采用当代积墨法，深入探索传统与当代的转换，用最传统的中国画颜料——矿物质、天然土等，以土画土，试图在当代审美与观念中，探索当代的东方精神。

本次创作是基于对中国文化传统的热爱和信心，一种能够打通中西古今艺术的胸怀和观今见古的文化立场。在水墨艺术与地理学、地质学、人类学、考古学等学科的跨界互动和交融中，以当代艺术的视野对传统进行富有创造力和想象力的重构，展现出一套独特的视觉语言逻辑和艺术观看的创作方法。

水墨文化传统的延续与激变，在当下现实中构成了富有张力的两极。绘画的观看模式、方法与语言逻辑所开创的日常生活方式，本身就是一种艺术的物性表现。心手相应，无法而有法，天马行空，心与物游而不滞于物，这既是心灵自由的表现，也是宇宙万物的法则与秩序。以心观物，以身观心，在其创作过程中，亦是慢慢地通过或接近这样的自然法则和宇宙秩序。

谭平

中国艺术研究院国家当代艺术中心主任，教授

《与时偕行》是我创作的尺幅最大和用时最长的抽象绘画作品。作品悬挂于公共空间，观者会远观与近看作品的整体感觉与局部变化，所以我采用了丙烯颜料薄涂交叉叠加的技法，以及印象派的色彩风格，表现了时间与空间交汇、色彩斑斓的时代特征。

王永

中国美术家协会第七、八、九届理事
广东省美术家协会第八、九、十届专职副主席兼秘书长
广东省中国画学会副会长

作品《云纳千山》本身不是一个具体的地点、一个写实的作品，其本意主要是借助画作的气象来表现一个时代。作品结合山和云为重要元素，考虑到作品陈列的地方在广东，应贴合广东的山势创作。作品想要展现一座大山的气魄，画作的前景添加了一些南方常见的植物榕树、芭蕉、红棉等，以此来构成对既有岭南山水风情的表达。

作品富有生机勃勃的气象，所以在色调的处理上主要采取绿色，翠绿映照尽显朝气。同时颜色不宜太淡，整个色彩的处理要与画面的整体精神和山势融和。后期为了增加画面的精神气与丰富而立体的效果，采用了金箔进行了点缀，从而彰显波澜壮阔的气势，达到一种震撼的视觉效果。

我在创作本幅作品的时候，心情是激动的，这对我多年来从事山水画的创作，也是一种难得的体会。

借《云纳千山》的创作，也给自己一个总结，期望日后能够创作出更好的艺术佳作。

周彦生

广州美术学院教授
周彦生艺术研究院院长

当我接到越秀集团关于创作反映南粤风情的国画任务时，脑海中立刻呈现出岭南三月紫荆花开、满目花海的盛景。我认为紫荆花是最能代表岭南的重要花卉，那染天的香、那清雅的妆，总会以朝霞般的烂漫点亮岭南春天的烛火，让诗意的乐响彻碧空。基于此，我将《岭南锦绣》置于蓝色的叶、清淡的花这种清雅格调之下，让画面充满一种小夜曲的艺术氛围，而鸳鸯们的独奏与和鸣、群鸟的飞舞穿梭，更使这天籁之音有了人与自然和谐交融的澄明之境。读花，读画，也以笔墨的香云构筑一域图腾的符号，让南粤春天的诗流，成为花城的又一缕冉冉升起的紫气，成为羊城春天微醺中的诗意象征。

莫肇生

广东省中国画学会副会长
粤港澳大湾区美术家联盟副主席

《鸣泉清风》以流泉作为主线，贯穿于山水之间，画面既有岭南苍郁的林木，也有挺拔峻峭的山峰，壮美间万物润发。林间穿插了九株苍劲挺拔的松树，福寿恒久。初升的阳光将山峰尽染，璀璨辉煌。作品笔墨酣畅，以积染营造出浑厚苍润的意韵，从而烘托出一个江山永固、源远流长、朝阳初升的画面。

张彦

广州美术学院中国画学院院长
教授、博士生导师
广东美协副主席

《云山观海》这幅中国画根据陈列作品的环境要求，前后由专家团队评审，最后历经三个月的时间创作而成。作品取材于广东的山水景观，以水和瀑布突出画面主题，近景将岭南特有的乔木穿插其中，山静水幽，曲径通幽，草木繁盛，犹如笔墨间的乾坤，别具一格。实际上，“云山”与“观海”两者是一种相辅相成的关系，如果说“观海”代表的是一种心境，那么作品则体现了一种疏远、静默的心态。

画面以酣畅淋漓的传统水墨创作，采取淡墨、疏墨、积墨等多种技法，同时对宣纸的吸水吸墨、墨的浓淡干湿以及对水的运用都进行了考究，从而将中国文人骨子里的气质及其笔墨精神在作品中呈现出来。当然，为了画面的整体效果，也适当地采用了水墨泼墨的手法，作以调整。

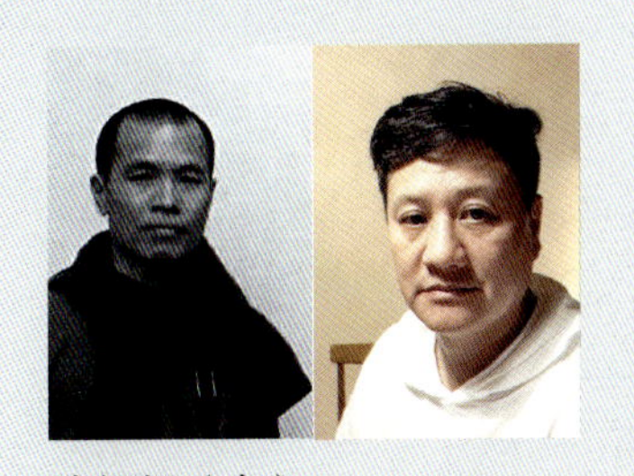

陈舒舒（左）

广州美术学院中国画学院教授
硕士研究生导师
泰国西那瓦大学博士研究生导师

林霖（右）

广州美术学院中国画学院教授
泰国西那瓦大学艺术与哲学学院
博士生导师
中国美术家协会会员

陈舒舒：大型壁画《云山珠水》能够圆满地按时按质顺利完成，要感谢越秀集团的信任，要感谢专家评委们在每一个评审和审核环节认真负责的专业精神，要感谢项目相关参建方及现场施工单位的鼎力支持和协助，要感谢一起共同参与创作和制作的老师和同学们。如此大型和重要的公共艺术作品，每一个环节和细节都相当重要，每一个人的作用都不可或缺。

壁画《云山珠水》构图和结构运用俯览的视角，采用了白云、珠水、绿色大地以及岭南民俗文化等元素贯穿整幅壁画，由四幅相对独立的画面组合构成一幅完整的作品。《云山珠水》置放的大厅是一个巨大的圆弧形空间，壁画承托体是由四个壁面组合而成的一个同心圆形结构，壁画是四块弧形的画面。因为空间的结构特别，且使用空间特殊，所以对壁画的制作材质和技术要求非常严格。比如，环保、防火、承重要求，以及应符合建筑空间设计的整体性、满足特定观赏视角以及灯光照明的效果等等，我们都按照要求圆满完成。

公共艺术作品既要满足公共人群的审美需求，又要具有艺术作品的独特价值；既要表达地域文化的传承脉络，又要具有创新意识和时代精神。我认为作品能恰当地契合空间之需、时代之需，同时也体现了《云山珠水》这幅壁画作品独特的文化艺术价值。

林霖：很幸运得到该项目的创作机会，创作团队自接受该项任务起，压力是非常大的。由于作品的尺寸比较大，制作时间紧，绘制和工艺上的各种条件限制所带来的种种难度均要求制作过程中的各个环节都必须衔接得很好，只能成功，不许失误。在专家组的指导下，作品从表现内容到制作方法确定了以表现岭南大地的壮美景色为主题。从制作完成的现场效果看，作品有机地与建筑空间融汇贯通，相互产生了共鸣，作品浅淡蓝灰的色调和高洁飘逸的白云令人心旷神怡，珠水云山呈现出岭南大地的勃勃生机，作品画面的主色调控制得恰到好处，呈现出只可意会的含蓄美。衷心感谢在作品创作过程中给予我们帮助的人，衷心感谢专家组的指导，衷心感谢创作团队的相互配合。

陈克

广州美术学院雕塑与公共艺术学院院长、教授、博士生导师

作品的主题以呈现“南国精神，岭南韵味”为宗旨，提炼出具有代表性的地域文化载体“划龙舟”。划龙舟体现凝心聚力、奋发进取、众志成城的南国精神内核，云山珠水间，岭南人踔厉奋发，笃行不怠。

雕塑造型通过多层次和镂空的塑造方式使得内容极为丰富，龙头高昂，龙尾高卷，水浪翻飞，锣鼓喧天，龙舟竞技队员们的造型和动态整齐划一，展现出岭南人民齐心协力、勇往直前的拼搏精神。作品以浪漫主义象征手法，将代表“天”的太阳和白云、代表“地”的山脉和水、代表“人”的队员收纳于雕塑的方寸之间，展现出天时、地利、人和的中国传统文化内涵和美好寓意。作品采用以小见大、以管窥天的方式巧妙地通过小题材、小事件和细节来揭示重大主题，呈现出了以一船寓百舟的蛟龙争渡场景。

雕塑材料采用 316 不锈钢铸造工艺，通过金属抛光打磨使得云和水的线条凸显出来，底部也利用抛光不锈钢造成雕塑倒影，突出翻涌激流、龙舟劈波斩浪的意境，作品结合现场灯光营造出多层次的丰富视觉感受。

张春雷

广东省人民政府文史研究馆馆员
文化遗产研究院院长

端砚制作技艺于 2006 年被列入第一批国家级非物质文化遗产名录，这不仅是对端砚制作技艺的认可，也是对其背后深厚文化价值的肯定。在 1300 多年的发展历史中，端砚艺人不断总结经验，形成了采石、选料、制璞、设计、雕刻、打磨、上蜡、配盒等一套科学、严谨的制作工艺，因端石不抗震，一直以来，端砚制作的各个环节均以匠心巧手精心对待。

出于对端砚的敬畏之心和独特感受，余每得一端石，均不敢贸然动刀，总是反复端详构思，以求得天趣与人工相得益彰才开始制作。这不仅因为每一方砚石都是经过大自然数亿年孕育后馈赠的精灵，更因为设计和制作过程是制砚者心、眼、手和学养融会贯通后打磨出来的珍品。如今，这两件端砚作品被收藏，放置在房间内供观者欣赏点评。若遇知音者用它研墨挥毫，或书写或绘画，在成就一幅幅书画作品过程中，定能领略到端砚之妙，为挥毫者增添些许创作激情。若此，乃制砚者之幸也。

特别鸣谢

图片来源：
华南理工大学建筑设计研究院有限公司：
第 11 页图片

北京建院装饰工程设计有限公司：
第 15 页分析图，第 21、27、37、57、61、63、65、75、79、81、89、91、95、101、107、111、113、117、119、128、129、135、137、152、155、157、160—165、167（上）页图片

画作艺术家：
第 18、23、25、29、31、35、41、43、47、53、59、67、71、73、77、83、97、103、105、109、115、121、125、133、139、145、148、149、156、158、159 页图片

广州青年广告传媒有限公司：
第 33、39、45、49、50、69、87、93、99、122、123、131、141、143、151、153、154、166、167（下）、169—172 页图片

建设单位：越秀集团广州裕城房地产开发有限公司

管理团队：黄维纲、郭秀瑾、钟大雅、张黎、唐昊玲、邱程辉、杨晓龙、庄祺、高蓓、胡德生、徐建峰、谢丹、朱娴、许培畅、王有炜、石宝强、朱洪震

室内设计单位：北京建院装饰工程设计有限公司（国际会堂及配套工程）

深圳市郑中设计股份有限公司（配套工程）

城市组设计集团有限公司（配套工程）

艺术咨询服务单位：广州美术学院

艺术品工程实施单位：北京建院装饰工程设计有限公司（国际会堂及配套工程）

中国建筑第八工程局有限公司（国际会堂）

广州建筑股份有限公司（配套工程）

广州珠江装修工程有限公司（配套工程）

中国建筑第三工程局有限公司（配套工程）

艺术品收藏单位：广州白云国际会议中心国际会堂

万豪国际酒店管理公司

广州鸣泉居酒店

图书在版编目（CIP）数据

花盛云祥：广州白云国际会议中心国际会堂及配套工程艺术品 / 越秀集团编著 . -- 北京：中国建筑工业出版社，2024.8. --（广州白云国际会议中心国际会堂及配套工程系列丛书）. --ISBN 978-7-112-30453-0

Ⅰ. TU242. 1

中国国家版本馆 CIP 数据核字第 2024ST0907 号

责任编辑：孙书妍　李玲洁
责任校对：赵　力

广州白云国际会议中心国际会堂及配套工程系列丛书
花盛云祥
广州白云国际会议中心国际会堂及配套工程艺术品
越秀集团　编著
*
中国建筑工业出版社出版、发行（北京海淀三里河路 9 号）
各地新华书店、建筑书店经销
北京海视强森图文设计有限公司制版
北京富诚彩色印刷有限公司印刷
*
开本：965 毫米 ×1270 毫米　1/16　印张：12　字数：351 千字
2024 年 12 月第一版　2024 年 12 月第一次印刷
定价：**258.00** 元
ISBN 978-7-112-30453-0
（43520）

如有内容及印装质量问题，请与本社读者服务中心联系
电话：（010）58337283　QQ：2885381756
（地址：北京海淀三里河路 9 号中国建筑工业出版社 604 室　邮政编码：100037）